U0311722

二十大后领导干部关注的热点问题系列丛书

本书为国家社科基金重大项目"党的十八大以来党领导生态文明建设实践和经验研究"（项目编号：22ZDA106）的阶段性成果

领导干部关注的
生态文明建设问题

李宏伟　沈　辉◎编著

中共中央党校出版社

图书在版编目（CIP）数据

领导干部关注的生态文明建设问题 / 李宏伟，沈辉编著.－－北京：中共中央党校出版社，2023.6
ISBN 978-7-5035-7384-2

Ⅰ.①领…　Ⅱ.①李…②沈…　Ⅲ.①生态环境建设—中国—干部教育—学习参考资料　Ⅳ.① X321.2

中国版本图书馆 CIP 数据核字 (2022) 第 148405 号

领导干部关注的生态文明建设问题

策划统筹	任丽娜
责任编辑	马琳婷　桑月月
责任印制	陈梦楠
责任校对	魏学静
出版发行	中共中央党校出版社
地　　址	北京市海淀区长春桥路 6 号
电　　话	（010）68922815（总编室）　（010）68922233（发行部）
传　　真	（010）68922814
经　　销	全国新华书店
印　　刷	中煤（北京）印务有限公司
开　　本	710 毫米 ×1000 毫米 1/16
字　　数	242 千字
印　　张	22.75
版　　次	2023 年 6 月第 1 版　2023 年 6 月第 1 次印刷
定　　价	68.00 元

微信 ID：中共中央党校出版社　　邮　　箱：zydxcbs2018@163.com

目录
CONTENTS

② 绿色发展

③ 生态产品价值实现

四　污染防治和生态修复

五 生态文明制度建设

六 推进碳达峰碳中和

一

习近平生态文明思想的
形成与发展

如何进一步挖掘和更好弘扬中华优秀传统文化中的生态智慧，为生态文明建设提供坚强的文化支撑？

生态文明是人类生产生活方式的根本变革，非以文化价值观的变革作为支撑便难以建立。习近平总书记从"生态兴则文明兴，生态衰则文明衰"的宏观历史视野出发，十分重视推进生态文化建设工作。我国传统文化中有十分丰富和系统的生态思想，维持了中华文明5000多年绵延不坠。实现中华民族伟大复兴的中国梦，应吸收传统生态智慧，对生态文明建设提供支撑。

中国传统生态智慧的第一个特点是内容异乎寻常的丰富，对于动物、植物、土地、山脉、河流等自然现象都有系统的生态哲学认识。第二个特点是在农业社会的条件下，具有"先见之明"地提出了经过工业阶段环境污染和生态危机才会提出的生态主张。究其原因，在于农业社会和工业社会对于自然的态度截然不同。在农业社会中，人的生存是以自然的生长性为基础的，这在客观上要求把自然作为一个具有自我本性、能够自我生长的有机体对待，敬畏自然，感恩自然，善待自然。农业的特点是要想收成好，就必须要善待土地；越是善待土地，越有好收成。这种特点孕育了传统生态智慧，形成了传统哲学的生态本质。中国生态智慧的第三个特点是儒家、道家、道教、佛教都有丰富的生态思想，而以儒家最为系统和条理。儒学是一种处理人和人关系的学问，其实儒家的个人修养和社会和谐都是以人和自然和谐为基础的，其中包含着关爱自然的生态维度。儒家生态思想还有公允中正、积极奋进的特点，能够在社会中推行，所以成为中国文化的主流。

一、生生不息的有机自然观

儒家的天人关系说是中国天人合一论的主流。儒家的天作为自然界，不是万物的静态总和，也不是此起彼伏的散乱活动；而是以孕育和生长万物、"生生不息"为内在规定和方向的变易过程。《易传》说"天地之大德曰生""生生之谓易"①。《中庸》也说："天地之道，可一言而尽也。其为物不贰，则其生物不测。"②"生物不测"是神妙莫测地生长万物。自然演化的方向是趋向于完善、和谐和美丽。庄子有"天地有大美不言，四时有明法而不议，万物有成理而不说"③之语，说的即是自然的美。《易传》的"乾道

①（魏）王弼、（晋）韩康伯注，（唐）孔颖达疏：《周易正义》，《十三经注疏》，中华书局1980年版，第86页。

②（宋）朱熹：《四书章句集注》，中华书局1983年版，第34页。

③ 陈鼓应注译：《庄子今注今译》，商务印书馆2007年版，第656页。

变化，各正性命，保合太和，乃利贞"①，说的是万物的和谐。"乾道"即"天道"。万物在天道变化的过程中获得自己应有的本性与生命；保持天道运行的和谐状态，对于天地万物来说，是最为有利的。这种生生、和谐与美丽可以说是宇宙的"合目的性"。"天"正是这种生生不息的合目的性。当代生态学家约翰·布鲁克纳说自然中有一种"有机动力"，②罗尔斯顿说生态系统中存在着"美丽、稳定与完整""朝向生命的趋势"，③这些都可以说是自然的合目的性。

二、对自然承担道德责任的德性主体观

在儒家哲学中，"人"既不是近代西方哲学主张的征服自然、控制自然的攻击性和占有性的主体，也不是"蔽于天而不知人"的消极、被动、匍匐于自然威力之下的人，而是自强不息、厚德载物的刚健奋进的德性主体。厚德载物的"物"包括天地万物，"载"是承载和包容。厚德载物不仅是一种人际关系伦理原则，也是主体与世界的关系原则，是承担对于自然的道德责任，与自

---

① （魏）王弼、（晋）韩康伯注，（唐）孔颖达疏：《周易正义》，《十三经注疏》，中华书局1980年版，第14页。

② 〔美〕唐纳德·沃斯特著，侯文蕙译：《自然的经济体系——生态思想史》，商务印书馆1999年版，第72页。

③ 〔美〕霍尔姆斯·罗尔斯顿著，刘耳、叶平译：《哲学走向荒野》，吉林人民出版社2000年版，第77页。

然形成生命共同体、道德共同体。《中庸》上说："唯天下之至诚，为能尽其性；能尽其性，则能尽人之性；能尽人之性，则能尽物之性；能尽物之性，则可以赞天地之化育；可以赞天地之化育，则可以与天地参矣。"①意思是说，只有德性至诚的人才能够实现自己的本性。要实现自己的本性，就必须首先让他人也都能实现自己的本性；让他人实现自己的本性，就必须首先让天地万物也都实现自己的本性。人只有首先让天地万物实现自己的本性，然后让他人实现他们的本性，最后才能实现自己的本性。做到这三点，才能够帮助天地生长化育万物，成为一个与天地并列为三的顶天立地的人。天地虽大，犹有欠缺。对于这些不利因素，儒家主张"延天佑人"，即沿着自然发展的方向帮助自然、完善自然，在这一过程中与自然相适应，获得自然带来的利益，而不是把自然作为敌人，勘天役物。《易传》所说的"裁成天地之道，辅相天地之宜"②，正是这个意思。

《礼记》云："人者，天地之心也。"③唐代孔颖达解释说，人在天地之中，动静应天地，就如同人身体中有心，动静应人一样，所以说"人者天地之心"。三国时王肃说，人在天地之间，如通五藏之有心。人在各种生物之中是最为灵明的，所以心乃是

---

① （宋）朱熹：《四书章句集注》，中华书局1983年版，第32—33页。

② （魏）王弼注，（唐）孔颖达疏：《周易正义》，《十三经注疏》，北京大学出版社1999年版，第66页。

③ （东汉）郑玄注，（唐）孔颖达疏：《礼记正义》，（清）阮元刻《十三经注疏》，中华书局1980年版，第1424页。

五藏中最为神圣的。① 基于这些认识，张载指出："天无心，心都在人之心。"② 程颢、朱子也说："天地间非特人为至灵，自家心便是鸟兽草木之心。"③ 那么，这个天与人共通的心是什么？是仁。朱子认为，仁是天地的生物之心，天地所生之物又"各得夫天地生物之心以为心"④。这表明，仁、天地的生生之德、人心三者是贯通的、同一的，都是仁。由此，"生生"即由外在的天地之德变成了内在的人心之德，人心的生意与天地的生意贯通为一。儒家文化把自然作为"人的无机的身体"，⑤ 主张"仁者浑然与物同体""仁者以天地万物为一体""与天地万物为一体"的生命共同体思想。这种以"仁"为枢纽的天人合一观，代表着中国哲学理论思维的最高水平，超出了深生态学的认识。

三、"爱人以及物"的生命共同体思想

当代生态哲学认为，人类的良知是不断进化的，良知道德对待的事物范围即所谓道德共同体是不断扩大的。在中国哲学中，

① 参见（东汉）郑玄注，（唐）孔颖达疏：《礼记正义》，（清）阮元刻《十三经注疏》，中华书局1980年版，第1424页。

② （宋）张载：《张载集》，中华书局1978年版，第256页。

③ （宋）黎靖德编，王星贤点校：《朱子语类》第1册，中华书局1994年版，第59页。

④ 徐德明、王铁点校：《朱子全书》第23册，上海古籍出版社、安徽教育出版社2002年版，第3279页。关于朱子的仁、天地生物之心的进一步讨论，参见陈来：《中国近世思想史研究》，商务印书馆2009年版，第89—95页。

⑤ 《马克思恩格斯全集》第42卷，人民出版社1979年版，第95页。

道德共同体本来就包括整个自然界。《中庸》的"参赞化育"就是让自然界万物各尽其性的生命共同体、道德共同体思想。参赞化育从作为德性主体的人来说，就是要用仁、恻隐之心对待自然界，"仁，爱人以及物"[①]；从物来说，则是承认自然的本性，尊重其价值，维护其权利，使其"尽性"。

对于动物，传统文化主张"德及禽兽"[②]"仁至义尽"[③]；要求尊重生命，顺应"时限"，反对过度猎杀；要"恩及鳞虫"[④]"恩及羽虫"[⑤]"恩及于毛虫"[⑥]"恩及介虫"[⑦]。对于植物，要求"泽及草木"、让植物"尽性"，为其生长提供适宜的条件，让其完成自己的生命周期。由于动植物的生命周期难以断定，所以儒家通常的做法是让植物完成一个生长周期，即顺应春生、夏长、秋收、冬藏的自然规律，在秋冬季节进行砍伐。这叫作"时限""时禁"或"以

---

① （东汉）郑玄注，（唐）贾公彦疏：《周礼注疏》，《十三经注疏》上，中华书局1980年版，第707页。

② （西汉）司马迁撰：《史记》，中华书局1982年版，第59页。

③ （东汉）郑玄注，（唐）孔颖达疏：《礼记正义》，《十三经注疏》，北京大学出版社1999年版，第803页。

④ （西汉）董仲舒撰，（清）苏舆疏，钟哲点校：《春秋繁露义证》，中华书局2002年版，第372页。

⑤ （西汉）董仲舒撰，（清）苏舆疏，钟哲点校：《春秋繁露义证》，中华书局2002年版，第373页。

⑥ （西汉）董仲舒撰，（清）苏舆疏，钟哲点校：《春秋繁露义证》，中华书局2002年版，第376页。

⑦ （西汉）董仲舒撰，（清）苏舆疏，钟哲点校：《春秋繁露义证》，中华书局2002年版，第380页。

时禁发""伐木必因杀气"①。

对于土地，传统文化重视的是它生养万物的本性，认为土地的特点是"生物不测"，要求"恩至于土"。儒家把土地分为土、地、壤、田四个层次。"土"的本性是生长万物。许慎在《说文解字》中说："土，地之吐生物者也。"②"地"的作用是承载和养育。《白虎通义》说："地者，易也。言养万物怀任，交易变化也。"③《释名》说："地，底也。其体在底下，载万物也。"④"壤"是无板结的"柔土"。⑤段玉裁在《说文解字》中指出，"万物自生焉则曰土"，"以人所耕而树艺焉则曰壤。"⑥"田"是经过人工培育，有阡陌沟渠等设施的土地。《说文解字》说"树谷曰田"，田是个象形字，"口十，阡陌之制"。⑦儒家辨析土地的目的在于认识土地的生长本性，促使土地实现其本性。

对于水，传统文化主张"恩至于水"⑧"德至深泉"⑨。关于河

---

① （东汉）郑玄注，（唐）孔颖达疏：《礼记正义》，（清）阮元刻《十三经注疏》，中华书局1980年版，第1380页。

② （汉）许慎撰，（清）段玉裁注：《说文解字注》，上海古籍出版社1981年版，第682页。

③ （清）陈立撰，吴则虞点校：《白虎通疏证》，中华书局1994年版，第421页。

④ （晋）郭璞注，（宋）邢昺疏：《尔雅注疏》，《十三经注疏》，上海古籍出版社1996年版，第2614页。

⑤ （汉）许慎撰，（清）段玉裁注：《说文解字注》，上海古籍出版社1981年版，第683页。

⑥ （汉）许慎撰，（清）段玉裁注：《说文解字注》，上海古籍出版社1981年版，第683页。

⑦ （汉）许慎撰，（清）段玉裁注：《说文解字注》，上海古籍出版社1981年版，第694页。

⑧ （西汉）董仲舒撰，（清）苏舆疏，钟哲点校：《春秋繁露义证》，中华书局2002年版，第381页。

⑨ （东汉）郑玄注，（唐）孔颖达疏：《礼记正义》，（清）阮元刻《十三经注疏》，中华书局1980年版，第1427页。

流，传统文化的重要认识之一是"国主山川"①，即名山大川主宰国家的命运。之二是"川，气之导也"②，认为河流是导气的，把河流与自然的其他部分视为一个统一的有机整体。"导气"用科学语言来说是自然的循环。循环把人和自然联系起来，是一个生态哲学概念。之三是"水曰润下"，说明了水滋润大地的性质。之四是"川竭国亡"。一个国家的河流枯竭了，这个国家就会灭亡。古人自觉地反对壅川，避免"河竭国亡"③。

在儒家哲学中，山属于地，地属于土，是五行之一，所以山脉是一个活生生的自然现象。它是气的凝聚、大化的一个站点；同时又作为自然的一个环节，与河流一样起着导气的作用。《周易》说"山泽通气"④。朱子解释道："泽气升于山，为云，为雨，是山通泽之气；山之泉脉流于泽，为泉，为水，是泽通山之气。是两个之气相通。"⑤《礼记》说"山川出云"⑥，认为山川是天地通气的"孔窍"，山脉具有含藏阴阳之气的性能，气挥发出来，即可出云致雨。

传统文化还把自然保护上升为国家的政令和法律，如《逸周书》《礼记·月令》《吕氏春秋·十二纪》中，就有很多动物保护

---

① （清）徐元诰撰，王树民、沈长云点校：《国语集解》，中华书局2002年版，第384页。
② （清）徐元诰撰，王树民、沈长云点校：《国语集解》，中华书局2002年版，第93页。
③ （清）徐元诰撰，王树民、沈长云点校：《国语集解》，中华书局2002年版，第93页。
④ 楼宇烈校释：《王弼集校释》，中华书局1980年版，第535页。
⑤ 黎靖德编：《朱子语类》第五册，中华书局1994年版，第1971页。
⑥ （清）朱彬撰，饶钦农点校：《礼记训纂》，中华书局1996年版，第755页。

的政令与法律。目前发现的最早的动物、土地、水源保护法律，是睡虎地出土的《秦律十八种·田律》。限于篇幅，不再罗列。中国生态思想在实践中的落实是十分有效的，为中华文明绵延繁荣提供了稳固的生态环境基础。

（作者：乔清举）

如何理解习近平同志在地方推动的绿色实践对习近平生态文明思想形成的价值?

习近平总书记站在坚持和发展中国特色社会主义、实现中华民族伟大复兴中国梦的战略和历史高度，深刻回答了为什么要建设生态文明、建设什么样的生态文明以及怎样建设生态文明等重大理论和实践问题，形成了以科学自然观、绿色发展观、基本民生观、整体系统观、严密法治观、全球共赢观等为核心精髓的习近平生态文明思想。习近平生态文明思想的形成不是偶然的，而是具有深刻的历史逻辑，即习近平生态文明思想的形成贯穿了习近平同志的整个地方政治生涯，习近平同志在地方推动的绿色实践孕育了习近平生态文明思想。

一、习近平同志在地方推动的绿色实践孕育了习近平生态文明思想的生态历史观

在世界文明的历史演进中，生态兴衰伴随着文明兴衰，有许多文明最后都是因为生态文明的毁灭而湮灭。习近平生态文明思

想深深根植于中华文明丰富的生态智慧和文化土壤，蕴含了深邃的历史观。习近平总书记指出"生态兴则文明兴，生态衰则文明衰"①，这是对人类文明演进史的深刻总结，阐明了人类历史发展与自然生态发展的内在关系。为此，习近平总书记用"两个清醒认识"概括了生态文明建设的紧迫性和重要性："生态环境保护是功在当代、利在千秋的事业。在这个问题上，我们没有别的选择。全党同志都要清醒认识保护生态环境、治理环境污染的紧迫性和艰巨性，清醒认识加强生态文明建设的重要性和必要性，真正下决心把环境污染治理好、把生态环境建设好，为人民创造良好生产生活环境。"②早在地方工作期间，习近平同志就把生态文明建设纳入经济社会发展整体和长期布局中。比如：（1）在福州工作期间，他主持编定了《福州市20年经济社会发展战略设想》，提出"城市生态建设"的理念，这是他首次在区域经济社会发展战略中正式规划生态环境问题③；（2）在福建省委工作期间，习近平同志极具前瞻性地提出了生态省建设的战略构想，指导编制和推动实施《福建生态省建设总体规划纲要》。他指出：要经过20年的努力奋斗，把福建建设成为生态效益型经济发达、城乡人居环境优美舒适、自然资源永续利用、生态环境全面优化、人与自然和谐相处的经济繁荣、山川秀美、生态文明的可持续发展省

① 《习近平谈治国理政》第3卷，外文出版社2020年版，第374页。
② 《习近平关于社会主义生态文明建设论述摘编》，中央文献出版社2017年版，第7页。
③ 参见胡熠、黎元生：《习近平生态文明思想在福建的孕育与实践》，《学习时报》2019年1月9日。

份。这是习近平同志首次使用生态文明概念。习近平生态文明思想的生态历史观揭示了生态文明发展的客观规律，可以说习近平同志从唯物史观的视角揭示了生态文明的价值理念。

二、习近平同志在地方推动的绿色实践孕育了习近平生态文明思想的绿色发展观

绿水青山就是金山银山，是对绿色发展最接地气的诠释和表达，深刻揭示了发展与保护的本质关系，指明了实现发展与保护内在统一、相互促进、协调共生的方法论①。习近平同志在地方工作时历来重视生态环境保护、历来重视抓生态文明建设，一以贯之坚持认识和探索"绿水青山"与"金山银山"之间的关系，"两山"理念经历了习近平同志在福建、浙江工作时期的孕育实践，到在中央工作时期的升华及其后续的延伸完善。

早在1989年1月，习近平同志在宁德工作时不仅留下了绿水青山，也留下了生态发展的理念。他提出，闽东经济发展的潜力在于山，兴旺在于林，森林是水库、钱库、粮库，把振兴林业摆上了闽东经济发展的战略位置②，要求对资源进行"综合开发"，"达到社会、经济、生态三者的效益的协调"统一，生态环境的

---

① 参见李干杰：《以习近平生态文明思想为指导 动员全社会力量建设美丽中国》，中国人大网，2018年7月16日。

② 参见姚茜、景玥：《习近平擘画"绿水青山就是金山银山"：划定生态红线 推动绿色发展》，中国共产党新闻网，2017年7月5日。

良性循环。1997年4月，时任福建省委副书记的习近平同志在三明市将乐县常口村调研时，深刻指出"青山绿水是无价之宝"。针对有些干部群众忽视环保单纯追求经济效益的情况，他指出任何形式的开发利用都要在保护生态的前提下进行，使八闽大地更加山清水秀，使经济社会在资源的永续利用中良性发展，并强调发展是硬道理，但是，污染环境就没有道理，破坏生态和浪费资源的"发展"就是歪道理。这些重要论述，深刻阐明了生态环境保护和经济发展的辩证统一关系，指明了实现发展和保护协同共生的全新路径，为福建生态文明建设提供了根本遵循和行动指南，也为"两山"理念提供了实践基础，是生态价值观、认识论、实践论、方法论的重大集成①。

习近平同志在浙江工作期间，把绿色发展作为浙江经济社会发展的"底色"，保护和改善生态环境，化生态优势为经济优势，体现了以绿色为导向的生态发展观。2002年11月24日，他在丽水调研时，强调"生态的优势不能丢，这是工业化地区和当时没有注意生态保护的地区，在后工业化时代最感到后悔莫及的事情""千万不要以牺牲环境为代价换取一点经济的利益"，②认为从长远的眼光看，丽水的资源优势是无价之宝，是加快发展的潜在条件。2002年12月30日，习近平同志又来到浙江另一个经

① 《坚定不移以习近平生态文明思想统领生态省建设》，人民网，2020年8月19日。
② 《美丽浙江新画卷——"八八战略"实施十五周年系列综述·生态优势篇》，《浙江日报》2018年6月29日。

济发展相对落后但同样具有生态优势的山区大市衢州，指出"要坚持绿色导向，发展生态农业""争取山窝里飞出更多的'金凤凰'"①。习近平同志对农村非常关注，始终把农村生态环境优化作为绿色发展的重要突破口，把村庄整治与发展经济结合起来，既保护了"绿水青山"，又带来了"金山银山"，形成了经济生态化、生态经济化的良性循环。2005年8月15日，习近平同志在安吉县天荒坪镇余村调研，对余村关停矿山、发展生态旅游让农民致富的做法给予高度评价，首次提出了"绿水青山就是金山银山"的重要论断，这一论断蕴含着关于如何处理经济社会发展与环境保护之间关系的政治智慧，为后来逐渐丰富的"两山"论提供了简洁的表达用语。习近平同志在余村提出"绿水青山就是金山银山"的理念，源于他对处于社会主义初级阶段的中国在社会主义建设中存在经济社会发展和自然环境之间的矛盾的认知，展现了他对全球经济发展趋势、人类文明发展历程和浙江经济社会发展实际的深刻洞察和精准把握，调研余村9天之后，习近平同志在《浙江日报》"之江新语"专栏上发表《绿水青山也是金山银山》的评论，明确提出"我省'七山一水两分田'，许多地方'绿水逶迤去，青山相向开'，拥有良好的生态优势。如果能够把这些生态环境优势转化为生态农业、生态工业、生态旅游等生态经济的优势，那么绿水青山也就变成了金山银山。绿水青山与金山银山

---

① 《习近平总书记在浙江的探索与实践·绿色篇：绿水青山就是金山银山》，央广网，2017年10月8日。

既会产生矛盾，又可辩证统一"①。习近平同志通过实地调研，深入基层，深入群众，将"两山"理念付诸地方工作的实践，用行动和事实带动干部群众一起干，改变了过去经济发展的老路，从而使得理论在实践中进一步深化，在实践中化为现实。

三、习近平同志在地方推动的绿色实践孕育了习近平生态文明思想的民生福祉观

良好的生态环境是人的健康与幸福的基础，人的健康生存与幸福生活离不开生态环境的保护与发展。习近平生态文明思想蕴含着深刻的生态民生理念，体现了"人与自然和谐共生"的本质要求。习近平总书记指出，"环境就是民生，青山就是美丽，蓝天也是幸福。要像保护眼睛一样保护生态环境，像对待生命一样对待生态环境"②，"良好生态环境是最公平的公共产品，是最普惠的民生福祉"③。事实上，在地方工作期间，习近平同志一直将生态环境作为评价民生的核心标准。比如，（1）在福建工作时，习近平同志把环境质量纳入民生福祉的重要内容，指出加快发展不仅要为人民群众提供日益丰富的物质产品，而且要全面提高生活质量，环境质量作为生活质量的重要组成部分，必须与经济增

---

① 《习近平总书记在浙江的探索与实践·绿色篇：绿水青山就是金山银山》，央广网，2017年10月8日。

② 《习近平关于社会主义生态文明建设论述摘编》，中央文献出版社2017年版，第8页。

③ 《习近平关于社会主义生态文明建设论述摘编》，中央文献出版社2017年版，第4页。

长相适应。（2）调任浙江之初，习近平同志就开启了3个月内到11个市一线调研的行程，当他看到当时浙江的农村污染严重、社会发展明显滞后，就倡导和主持在全省范围内以农村生产、生活、生态的"三生"环境改善为重点，以改善农村生态环境、提高农村生活质量为核心的"千村示范、万村整治"工程[①]。（3）在上海工作期间，习近平同志提出要以对人民群众、对子孙后代高度负责的精神，把环境保护和生态治理放在各项工作的重要位置，下大力气解决一些在环境保护方面的突出问题。[②]习近平生态文明思想的民生福祉观，体现了社会主义生态文明建设的"本质"，体现出习近平总书记深厚的民生情怀和强烈的责任担当。

四、习近平同志在地方推动的绿色实践孕育了习近平生态文明思想的整体系统观

在习近平总书记看来，生态是统一的自然系统，是相互依存、紧密联系的有机链条，因此，要从生态系统整体性出发，统筹山水林田湖草沙系统治理。

习近平同志在河北正定工作期间，提出农业经济是由农业经济系统、技术系统和生态系统组成的复合系统，而不仅仅局限于

---

① 参见胡熠：《木兰溪治理：追求人水和谐共生的生态范本》，中共中央党校出版社2019年版，第23页。

② 参见缪毅容：《习近平：下大力气解决环保突出问题》，《解放日报》2007年7月12日。

农业生产本身；要把正定县建成物质循环和能量转化效率高、生态和经济都呈良性循环的开放式的农业生态经济系统。

习近平同志在福建工作期间，强调要"做好山、水、田文章"。比如，在厦门工作期间，他亲自抓禁止乱砍滥伐树木、乱采沙石工作，推动筼筜湖综合治理，在明确筼筜湖治理的主要矛盾和问题的基础上，创造性提出的治湖思路可总结为20字方针——"依法治湖、截污处理、清淤筑岸、搞活水体、美化环境"。其中，针对"九龙治水"难题，提出"市长亲自抓治湖"，高位推动，综合治理，一竿子到底，这也正是今天河湖长制的要义。此后数十年，厦门市遵循习近平同志确立的工作方针，久久为功，曾经的臭水湖蝶变为如今的城市绿肺，生态优势成了发展优势，筼筜湖片区"腾笼换鸟"，引进大批总部经济、现代服务业企业，成为厦门标志性的行政、金融、商贸、旅游、居住中心。举一纲而万目张，从1.6平方公里的筼筜湖到1699平方公里的厦门市，绿色发展贯穿到经济社会发展的各方面和全过程。在福建省委工作期间，习近平同志高度重视闽江流域整体性保护，提出要加强闽江上游的植被保护和生态林建设，要改善林分结构，大力发展阔叶混交林，保护好林下植被，提高森林蓄水和减轻洪灾的能力，做好江河流域生态林工程、生物多样性工程，生物多样性工程要与保护野生动物相结合。

习近平同志从黄土高原走来，对水土流失的危害记忆深刻，在福建工作期间他先后5次赴长汀调研，推动长汀水土流失治理，探索出一条工程措施与生物措施相结合、人工治理与生态修复相结合、生态建设与经济发展相结合的科学治理和发展之路，形成了中国水土治理的"长汀经验"，成为向世界讲述生态文明建设中国故事的良好范本，在传播中国生态智慧、贡献中国绿色经验方面意义深远。同时，习近平同志也十分重视木兰溪治理和木兰陂梳理工程利用，先后10次关心、调研木兰溪的治理工作，持续开展从水上到陆上、从下游到上游、从干流到支流再到全流域，从单一的防洪工程到系统性治理的综合工程，实现从水安全到水生态、水经济的梯次推进，打造"河畅、水清、岸绿、安全、生态"的健康水系。

习近平同志通过实地调研，深入田间地头，问计群众，将理论在实践中进一步深化，在实践中化为现实，从在福建治山治水、推动"绿色浙江"建设一直到担任总书记期间，习近平同志一直将绿色发展理念贯穿于治国理政思想之中。

（作者：刘小锋　彭冬冬）

如何理解林草兴则生态兴、生态兴则文明兴？

党的十八大以来，以习近平同志为核心的党中央站在中华民族永续发展的战略高度，大力推动生态文明理论创新、实践创新和制度创新，坚持山水林田湖草沙一体化保护和系统治理，健全生态保护制度体系，推动天然林保护、国土绿化，加强水土流失和荒漠化治理，创造了举世瞩目的生态奇迹和绿色发展奇迹。近十年，我国为全球贡献了1/4的新增森林面积，森林覆盖率由21.6%增至24.02%，人工林保存面积13.14亿亩、居世界第一位，草原综合植被覆盖率达到50.32%，林草总碳储量达到114.43亿吨、位居世界前列。但也要看到，我国自然生态本底脆弱，陆域生态脆弱区域占比较大，人与自然关系问题复杂，生态系统保护任重道远。

党的二十大报告指出："中国式现代化是人与自然和谐共生的现代化"，并将"提升生态系统多样性、稳定性、持续性"作为推动绿色发展、促进人与自然和谐共生的战略任务和重大举措，强调要加快实施重要生态系统保护和修复重大工程，全面推进自然保护地体系建设，实施生物多样性保护重大工程，科学开展大规模国土绿化行动，推动草原森林河流湖泊湿地休养生息等。这些部署既是对以往生态系统保护工作的延续拓展，也是做好今后工作的行动指南。

生态系统保护是一项妥善处理人与自然关系的系统性工程，要坚持山水林田湖草沙一体化保护和系统治理，正确处理生态系统整体和生态要素之间的关系。习近平总书记指出，人的命脉在田，田的命脉在水，水的命脉在山，山的命脉在土，土的命脉在林和草，这个生命共同体是人类生存发展的物质基础。这表明，生态系统是一个有机生命体，各个要素之间由于能量流动、物质循环和信息传递，从而构成复杂系统结构和多样化功能。因此，要尊重自然环境地带分布规律、生态系统演替规律等，因地制宜、科学规划，坚持宜林则林、宜灌则灌、宜草宜草、宜湿则湿、宜沙则沙，注重生态系统的平衡。

森林是陆域生态系统的主体和重要资源。森林生态系统是由生产者、消费者、分解者和外部环境组成的自循环系统。绿色植物作为生产者，通过光合作用，把太阳能转为化学能，把环境中的无机物转为有机物，这样既供给自身发育生长，也为其他生物提供物质和能量，不同动物种群作为消费者以食物链为纽带形成共生共存关系，微生物等各种分解者则将有机物分解为简单无机物，便于自养生物重新利用，从而构成生态系统运转的闭环。森林生态系统滋育着丰富的生物资源和良好的自然环境，为人类社会繁衍发展提供了物质资料来源。世界历史表明，人类文明大都起源于森林茂密、水草肥美的地区，森林是人类生存发展的重要保障。"草木植成，国之富也。"林草兴则生态兴，生态兴则文明兴。人类文明的进步无不与森林的消长、林业的兴衰息息相关，发达的林业是国家富足、民族繁荣和社会文明的重要标志。要充分发挥森林和草原在维护国家生态安全中的基础性、战略性作用，加强现代林草业建设，这是新时代生态文明建设的主体任务，也是建设人与自然和谐共生现代化的基础性工程。

党的二十大报告明确要"深化集体林权制度改革"，"建立生态产品价值实现机制，完善生态保护补偿机制"，"增强生态系统碳汇能力"，"加强生物安全管理，防止外来物种入侵"等工作任务。这些举措对加快我国现代林草业的高质量发展指明了前进的方向。

一、推动林草业扩量提质增效

森林和草原具有涵养水源、保育土壤、固碳释氧、积累营养物质、净化大气环境与生物多样性保护等多种服务功能。习近平总书记指出，森林是"水库、钱库、粮库"，也是"碳库"。据联合国粮农组织评估，森林每年固定的碳约占整个陆地生态系统固碳量的2/3。大力发展林草碳汇，是应对全球气候变暖最经济、最现实的举措，并已被纳入我国实现"双碳"目标的重大行动计划中。当前，我国林分结构不合理，林草生态系统不稳定，野生动植物自然栖息地受损，有害生物威胁较大，生物多样性保护形势严峻。因此，要以满足人民日益增长的优美生态环境需要为发力点，科学开展造林绿化和种草改良空间的适宜性调查评估，深入实施森林质量精准提升工程，开展重点区域林相改善行动，着力提高林地生产力和森林蓄积量，优化树种材种结构，提升森林生态效益和森林景观效果，增强林草生态系统稳定性和固碳增汇能力。实施木竹替代和生物质能源策略，延长木竹产品使用寿命和储碳时间，更好发挥其碳库功能。加强武夷山国家公园等自然保护地体系建设，保护濒危物种及其栖息地，联通生态廊道，完善生物多样性保护网络。加强松材线虫病、互花米草等外来有害生物防治，运用先进科技和数字平台，提升生物安全管理水平。

二、深化集体林权制度改革

新中国成立以来，我国林业发展取得了显著成就，但也走过"过度利用"和"过度保护"的弯路。实践证明，"纯利用的林业是破坏的林业""纯保护的林业是失败的林业"。随着我国集体林权制度改革的深化实施，我国已建立起适应市场经济体制的农村集体林地所有权与承包权、经营权"三权分离"的产权结构，明晰了集体组织和林农的产权关系，提高了林农自主经营的积极性，促进了林业发展和林农增收。但在实践中仍面临着承包权确权工作不周全、林地经营权流转机制不活、林木采伐处置权不实等新问题，这些新问题需要通过持续推进林业改革发展来加以破解。深化集体林权制度改革要坚持提升森林生产力和保护森林并重的战略方向，进一步落实林地集体所有权、稳定农户承包权、放活林地经营权，依法保障林权权利人合法权益；创新人工商品林林木采伐管理制度，适度放宽采伐限制、简化审批手续，进一步落实林农对林木的处置权。同时，要加强林权交易平台建设，加快集体林地经营权登记发证，推动建立林权登记与林业管理信息互通共享机制，完善林权流转机制。加快培育新型经营主体，引导林农、林场、林企合作，发展主体复合经营，完善多式联营机制；扶持发展林下经济，促进立体精致经营，建立产权明晰、流转规范、运作高效的现代林业经营管理制度。

三、健全林草生态产品价值实现机制

习近平总书记指出："生态本身就是经济，保护生态就是发展生产力。"[①]现代林草业是规模最大的绿色产业和循环经济体，是涵盖范围广、产业链条长、产品种类多、就业容量大的产业门类。它既能提供多样化物质产品，也能提供优质生态产品，兼具生态和经济两大属性。绿水青山是它的生态属性，金山银山是它

---

① 《以习近平同志为核心的党中央高度重视生态文明建设　坚定不移走生态优先绿色发展之路》，《人民日报》2020年5月14日。

的经济属性，两者是辩证统一的，而"决不是对立的，关键在人，关键在思路"①。当前，我国林草生态系统保护仍面临着"两山"转化路径不畅、生态产品价值实现机制不活、生态保护补偿机制不完善、社会资本进入意愿不强等问题。要聚焦生态产品价值实现"四难"（难度量、难质押、难交易、难变现）问题，发挥市场配置资源的决定性作用和更好发挥政府的作用，建立政府主导、企业和社会各界参与、市场化运作、可持续的生态产品价值实现机制。在实现集体林地"确权、赋权、活权"的基础上，开展生态产业化经营的适宜性评估，因地制宜策划生态空间资源开发利用；鼓励金融机构创新绿色金融产品，提供更多便捷的投融资服务。培育林草碳汇交易中介服务组织，建立科学简便的碳汇价值评估办法；鼓励地方探索碳汇价值多元化、市场化补（赔）偿试点；实行综合补偿和分类补偿并举，纵向补偿和横向补偿相结合，建立健全能够体现碳汇价值的生态保护补偿。

（作者：胡　熠）

---

① 《习近平关于社会主义生态文明建设论述摘编》，中央文献出版社2017年版，第23页。

如何理解人与自然和谐共生的现代化?

党的十九届五中全会明确提出,深入实施可持续发展战略,完善生态文明领域统筹协调机制,构建生态文明体系,促进经济社会发展全面绿色转型,建设人与自然和谐共生的现代化。学习贯彻党的十九届五中全会精神,必须坚持绿水青山就是金山银山理念,加快推动绿色低碳发展,持续改善环境质量,提升生态系统质量和稳定性,全面提高资源利用效率,促进人与自然和谐共生。

着力培育热爱自然情怀。党的十八大以来,我国贯彻落实新发展理念,坚持把生态文明建设放在突出地位,把绿色发展融入经济社会发展的各方面和全过程,生态文明建设取得了举世瞩目的成就。值得注意的是,尽管我国生态环境质量持续好转,出现了稳中向好趋势,但成效并不稳固,目前已经到了"三期叠加"关口:生态文明建设正处于压力叠加、负重前行的关键期,已进入提供更多优质生态产品以满足人民日益增长的优美生态环境需要的攻坚期,也到了有条件有能力解决生态环境突出问题的窗口期。生态环境影响到每一个人，是最大的公共资源。建设社会主义生态文明，人民是最直接最广泛的受益者。取之有度，用之有节，是中华民族的优秀文化传统，也是生态文明的真谛。建设人与自然和谐共生的现代化，目的就是既创造更多物质财富和精神财富以满足人民日益增长的美好生活需要，又提供更多优质生态产品以满足人民日益增长的优美生态环境需要。首先，要在思想深处树立绿色发展理念，自觉拒绝奢华和浪费，追求简约适度、绿色低碳的生活方式，反对奢侈浪费和不合理消费，形成文明健康的生活风尚，打造更多绿色家庭、绿色学校、绿色社区、绿色企业和绿色机关。其次，要在全社会特别是青少年中培育环保意识和生态意识，构建全社会共同参与的环境治理体系，让生态环保思想成为社会生活中的主流文化。最后，要倡导尊重自然、爱护自然的绿色价值观念，让天蓝地绿水清深入人心，传承好中华民族悠久深厚的人文情怀。

着力推动绿色发展繁荣。绿色是大自然的底色。生态是最基本的生产要素，良好生态本身蕴含着无穷的经济价值，能够源源不断创造综合效益，实现经济社会可持续发展。改善生态环境就是发展生产力。建设人与自然和谐共生的现代化，必须加快建立绿色低碳循环发展的经济体系，推进能源生产和消费革命，构建清洁低碳、安全高效的能源体系，壮大节能环保产业和清洁能源产业。推进资源全面节约和循环利用，降低能耗、物耗，实现生产系统和生活系统循环链接，通过坚持不懈的努力，让山更绿、水更清、林更密、鸟更多、草更茂、天更蓝。

着力推进环境科学治理。生态兴则文明兴，生态衰则文明衰。生态环境是人类生存和发展的根基，生态环境变化直接影响文明兴衰演替。加强生态环境治理，让地球家园充满生机活力，是人民群众对美好生活的向往，也是全人类共同的价值追求。建设人与自然和谐共生的现代化，必须发扬只争朝夕的精神，更要有持之以恒的坚守，以遵循自然规律为基本原则，科学制定规划，因地制宜，统筹兼顾，打造多元共生的生态系统。同时，坚持全民共治、源头防治，持续实施大气污染防治行动，加快水污染防治，强化土壤污染管控和修复，实施流域环境和近岸海域综合治理，构建以政府为主导、企业为主体、社会组织和公众共同参与的环境治理体系。以山水林田湖草为生命共同体，加快国家生物多样性保护立法步伐，划定生态保护红线，建立国家公园体系，实施生物多样性保护重大工程，协同推进生物多样性治理，长时间、大规模治理沙化、荒漠化，有效保护修复湿地，做好生物遗传资源收集保藏工作，着力保护陆地生态系统类型和重点野生动物种群。

着力加强生态国际合作。建设美丽家园是人类的共同梦想。面对生态环境挑战，人类唯有携手合作，才能有效应对气候变化、海洋污染、生物保护等全球性环境问题，实现联合国2030年可持续发展目标。进入21世纪以来，我国切实履行气候变化、生物多样性等环境相关条约义务，已提前完成2020年应对气候变化和设立自然保护区相关目标。建设人与自然和谐共生的现代化，必须秉持人类命运共同体理念，和世界人民并肩同行，积极参与全球环境治理，承担与我国发展水平相称的国际责任，继续提高国家自主贡献力度，采取更加有力的政策和措施，二氧化碳排放力争于2030年前达到峰值，努力争取2060年前实现碳中和，为实现应对气候变化《巴黎协定》确定的目标作出更大努力和贡献，努力让绿色发展理念深入人心，让全球生态文明之路行稳致远。

着力追求人与自然和谐共生。山峦层林尽染、平原蓝绿交融、城乡鸟语花香的自然美景，既是人民群众对美好生活的向往，也是经济社会高质量发展的依托。人与自然是生命共同体，建设人与自然和谐共生的现代化，必须尊重自然、顺应自然、保护自然，坚持节约优先、保护优先、自然恢复为主，实施重要生态系统保护和修复重大工程，优化生态安全屏障体系，守住自然生态安全边界。形成节约资源和保护环境的空间格局、产业结构、生产方式、生活方式，坚持合理利用、友好保护，杜绝无序开发、粗暴掠夺，维持地球生态整体平衡，还自然以宁静、和谐、美丽，让子孙后代既能享有丰富的物质财富，又能在遥望星空、看见青山、闻到花香的自然环境中享有富足的精神生活。

（作者：吴　超）

如何理解习近平生态文明思想对构建人类命运共同体的重大意义？

习近平生态文明思想具有深厚的理论基础、历史渊源和鲜明实践指向，既是对马克思主义生态观的继承和发展，也是对中华优秀传统生态文化的传承和弘扬；既有对人类生态文明思想的扬弃和吸收，更有对实践经验的凝炼和升华，是马克思主义中国化时代化的最新理论成果。它所蕴含的地球是人类唯一的家园的整体思维、人与自然是生命共同体的辩证系统思维为构建人类命运共同体、建设清洁美丽世界提供了根本遵循和价值引领，为变革全球治理体系、构建全球公平正义的新秩序提供了中国方案、中国经验和中国智慧。

一、生态文明与人类命运共同体的内在逻辑

生态文明和人类命运共同体，看似是两个领域的思想理念，实则二者关系密不可分。当今世界百年未有之大变局加深演变，保护主义、单边主义抬头，逆全球化思潮进一步加剧，对全球生

态环境保护造成不利影响。面对世界复杂形势和全球性问题，生态文明建设也不再是单纯的一国的问题。全球生态文明建设必须坚持推动构建人类命运共同体，构筑尊崇自然、绿色发展的生态文明体系，各国应携手合作共同应对气候升温、可持续发展、消除贫困等全球性紧迫性问题。

生态文明是实现"真正共同体"的必由之路。构建人类命运共同体集人类文明思想之大成，本质上是对马克思主义"真正共同体""自由人联合体"等思想的继承和发展。马克思、恩格斯明确指出："只有在共同体中，个人才能获得全面发展其才能的手段，也就是说，只有在共同体中才可能有个人自由。"[①]马克思、恩格斯还在《共产党宣言》里郑重宣告："代替那存在着阶级和阶级对立的资产阶级旧社会的，将是这样一个联合体，在那里，每个人的自由发展是一切人的自由发展的条件。"[②]马克思、恩格斯把作为无产阶级奋斗目标的共产主义社会同时命名为"自由人联合体"。这一共同体思想，经历了从前资本主义时代的"自然的共同体"，到资本主义的"虚假的共同体"，再到"自由人的联合体"这一"真正共同体"的历史演进过程，最终实现人类与自然的和解。

生态文明为人类共同价值准则提供重要内涵。构建人类命运共同体所要达到的目的，就是"建设持久和平、普遍安全、共同

---

① 《马克思恩格斯选集》第1卷，人民出版社2012年版，第199页。

② 《马克思恩格斯选集》第4卷，人民出版社2012年版，第647页。

繁荣、开放包容、清洁美丽的世界"。就是要让各国人民都能够参与到共商共建共享发展之中，不被强权逻辑和经济利益所囿，让发展的成果惠及全球大多数民众。这不仅是构建人类命运共同体的价值目标，同时也是应努力追寻的经济社会发展的目标和指标。许多西方发达国家从基督教、伊斯兰教、印度教以及中华文明等古老文明中寻求生态智慧，这种互补性让生态文明成为文明跨时空交流的平台，使其更容易超越制度、种族、信仰、政治意识形态的藩篱，理性地进行共识对话。作为世界上不同文明、不同宗教、不同意识形态之间的最大公约数，生态文明建设最能成为各派社会主义理论在更高层次的融合平台。必将引导全球从工业文明向新型文明转型，增进不同制度的环境公平和社会正义，使社会主义成为全球可持续发展运动的引领者，为构建人类命运共同体进行价值引领、夯实绿色发展根基，从而保护好地球家园。

生态文明为构建人类命运共同体提供历史依据。针对一些西方老牌帝国主义以国强必霸的逻辑预设中国，认为中国在资源上必然会与各国发生争抢冲突，必然实现新帝国扩张等说法，我们可以从历史上找到驳斥的事实，那就是中国从来没有搞过殖民主义和霸权扩张、从来没有建立过基于血腥征服的军事帝国、从来没有进行强加于人的文化输出，因此新时代中国的绿色发展也绝不会是"新殖民主义"，必定依靠"自立自强"实现自身发展，以习近平生态文明思想引领"一带一路"建设，成立"一带一路"绿色发展国际联盟。始终秉持绿色发展理念，注重与联合国2030年可持续发展议程对接，推动基础设施绿色低碳化建设和运营管理，在投资贸易中强调生态文明理念，加强生态环境治理、生物多样性保护和应对气候变化等领域合作，这为共建"一带一路"各方绿色发展带来了新机遇，为全球生态环境治理提供了中国方案，因构建人类命运共同体而凝聚国际共识。

二、以习近平生态文明思想引领构建人类命运共同体

（一）坚持共谋全球生态文明建设

正如习近平总书记所指出的："建设美丽家园是人类的共同梦想。面对生态环境挑战，人类是一荣俱荣、一损俱损的命运共同体，没有哪个国家能独善其身。"[①]生态问题没有国别限制，环境污染没有疆界。我们要真正认清"一荣俱荣、一损俱损"的连带效应，理性地认识到应对气候变化等全球性挑战，非一国之力，更非一日之功，要按照共商共建共治共享的原则，团结协作、凝聚力量，加强生态治理的政策连接、制度对接，形成公平、合理、有效的全球生态治理模式和机制，共同探索人类可持续发展和全球生态安全的正确路径，不断加强和完善全球生态治

---

① 《十九大以来重要文献选编》(中)，中央文献出版社2021年版，第25页。

理体系，同筑生态文明之基，同走绿色发展之路。中国大力推进绿色能源生产和绿色能源消费，清洁能源已成为能源增量的主体，是世界节能和利用新能源、可再生能源第一大国。中国是世界人工造林第一大国，植树造林绿化了中华大地，为世界绿化地球作出了贡献。无论是从我国生态文明建设的国际意蕴还是从全球性生态环境议题的治理合作而言，当代中国都已然成为全球生态文明建设的重要参与者、贡献者、引领者。

（二）坚持把生态文明作为中国参与引领全球治理的重要支撑

加强国际交流和履约能力建设，推进生态环境保护国际交流和务实合作。推动落实联合国2030年可持续发展议程，建设绿色"一带一路"。实施积极应对气候变化国家战略，推动和引导建立公平合理、合作共赢的全球气候治理体系。切实为推动构建人类命运共同体作出中国贡献。2021年4月，习近平主席在领导人气候峰会上指出："作为全球生态文明建设的参与者、贡献者、引领者，中国坚定践行多边主义，努力推动构建公平合理、合作共赢的全球环境治理体系。"[①]并提出中方还将生态文明领域合作作为共建"一带一路"重点内容，发起了系列绿色行动倡议，采

---

① 《习近平出席领导人气候峰会并发表重要讲话　强调要坚持绿色发展，坚持多边主义，坚持共同但有区别的责任原则，共同构建人与自然生命共同体》，《人民日报》2021年4月23日。

取绿色基建、绿色能源、绿色交通、绿色金融等一系列举措，持续造福参与共建"一带一路"的各国人民。中方将同各方一道推动全球生物多样性治理迈上新台阶，推动形成人与自然和谐共生新格局。习近平主席在领导人气候峰会上宣布中国将采取一系列新举措，其中包括力争2030年前实现碳达峰，2060年前实现碳中和。

（三）坚持做世界和平的建设者、全球发展的贡献者、国际秩序的维护者

为者常成，行者常至。在构建人类命运共同体理念的指导下，中国将与各国命运休戚与共的决心化为一个个坚实的脚印，成为世界经济增长的重要贡献者和主要推动力。中国是全球经济增长的基石、世界稳定的来源。习近平总书记在中国共产党与世界政党高层对话会上指出，构建人类命运共同体是一个历史过程，不可能一蹴而就，也不可能一帆风顺，需要付出长期艰苦的努力。为了构建人类命运共同体，我们应该锲而不舍、驰而不息进行努力，不能因现实复杂而放弃梦想，也不能因理想遥远而放弃追求。全球性危机亟须加强国际合作和集体行动。我们呼吁秉持构建人类命运共同体，携手应对气候环境领域挑战，共同守护地球家园。面对全球性危机，中国宣布将进一步提高国家自主贡献力度。中国作为全球生态文明建设重要参与者、贡献者、引领者的地位和作用进一步彰显。从推动达成气候变化《巴黎协定》

到全面履行《联合国气候变化框架公约》，从大力推进绿色"一带一路"建设到深度参与全球生态环境治理，中国一直为建设一个清洁美丽的世界砥砺前行。中国方案、中国行动，为全球共谋生态文明建设、推进绿色复苏注入了新动力。

（四）坚持中国式现代化为发展中国家现代化提供模式选择

中国共产党领导人民成功走出中国式现代化新道路，创造了人类文明新形态，拓展了发展中国家走向现代化的新途径、新模式，赋予了现代化新内涵。从历史上看，欧美国家率先踏上现代化发展道路。然而，欧美国家的现代化大多数伴随着殖民和侵略，而且在实现现代化后不同程度地出现贫富差距、社会分裂等弊病。欧美模式并不适合其他国家。从现实上看，一些拉美国家的现代化运动持续了一个多世纪，至今仍然社会动荡、经济萧条；非洲国家的现代化之路也是困难重重……越来越多的人意识到，现代化不等于西方化。中国式现代化为发展中国家现代化提供了新选择。依据是：第一，中国式现代化道路具有中国特色、符合中国实际。对内实现全体人民共同富裕、人与自然和谐共生，对外推进世界和平发展、构建人类命运共同体。第二，中国式现代化道路是坚持人与自然和谐共生的现代化，贯彻新发展理念，强调实现物质文明、政治文明、精神文明、社会文明、生态文明协调发展。第三，中国式现代化既汲取了东西方现代化道路的一些有益经验，又超越了西方现代化模式的弊端，是中国共产党作为马克思主义学习型政党，带领人民立足国情探索、走出来的。它不仅开辟了人类实现现代化的新路径，也为人类文明创造出一种新形态。中国共产党带领人民开创的现代化道路使中国与世界互利共赢，不断推动构建人类命运共同体，引领人类迈向历史新阶段。

（作者：郑冬梅）

如何认识生态文明建设与经济发展的辩证统一关系?

　　纵观世界范围内工业化、现代化的历史进程可以发现,如何协调好生态环境保护与经济发展之间的关系问题是各国工业化、现代化推进中无法回避的核心问题。在各国工业化、现代化过程中,多数国家通常都不能很好地协调生态环境保护与经济发展之间的关系。在中国工业化、现代化过程中,曾经在许多地方出现了以牺牲生态环境为代价来换取经济增长的行为,造成了极大的负面影响并留下一些难以治愈的后遗症。因此,妥善协调好生态环境保护与经济发展之间的关系问题是生态文明建设能否持续、有效实施的重要先决条件。就生态保护与经济发展之间的平衡问题,习近平总书记明确提出"绿水青山就是金山银山"这一科学论断。习近平总书记的"两山"理念科学完整地回答了生态环境保护与经济发展之间的关系问题,为中国坚持绿色可持续发展奠定了坚实的理论基础。

一、确立生态在经济发展中的基础性作用

改革开放初期，受历史局限性制约，许多地区在推进工业化、现代化过程中片面地追求GDP增长率，忽视了生态环境保护的重要性，甚至有些地区出现了以牺牲绿水青山来换取金山银山的行为，造成我国生态环境危机日趋严重。中国快速的工业化伴随着严重的环境破坏。随着我国生态环境危机负面影响的日益加剧，习近平同志在做地方领导时就意识到片面追求经济增长的危害性，开始对经济增长与生态环境保护之间的关系进行系统反思，认为金山银山与绿水青山应该是统一的，并在实践上对以经济增长率为中心的发展政策进行纠偏和矫正。习近平同志在任浙江省委书记时，于2005年8月15日在浙江省安吉县余村考察时，首次提出了"绿水青山就是金山银山"的科学论断。这是习近平同志"两山"理念的第一次公开表述，他用通俗易懂的语言揭示了经济发展和保护生态环境之间的辩证统一关系。习近平同志在任浙江省委书记时，努力协调经济发展与生态文明建设之间的关系，较好地推动了当地经济的快速发展，改善了当地的生态环境质量，提升了当地人民群众的生活水平和质量。党的十八大以后，习近平总书记成为我国社会主义事业建设的领导核心，他更加深刻地意识到协调好经济发展与生态环境之间关系的重要性，并在全国各地调研走访中多次阐释"两山"理念的重要意义，在

社会经济事业发展中积极践行"两山"理念。2015年3月，中央政治局会议正式把"坚持绿水青山就是金山银山"写进中央文件。习近平总书记的"两山"理念，不仅科学规范了经济发展与生态环境保护之间的关系，还明确了生态在经济发展中的基础性地位。

（一）社会主义建设实践理念的重大转变

改革开放之初，我国在现代化进程中确立了以经济发展为中心的指导理念。在这一理念指导下，各地在发展经济过程中轻视了生态环境的保护，对自然资源过度开发，用"绿水青山"换取"金山银山"。物质财富迅速聚集的同时，生态环境危机也日趋严重。随着生态环境危机加重带来的负面影响不断扩大，人们开始反思社会发展的根本目标和宗旨，意识到"绿水青山"和"金山银山"对人类社会同样重要，社会发展既需要金山银山，也需要绿水青山。党的十八大以后，以习近平同志为核心的党中央在坚持发展经济的同时，将生态文明建设纳入"五位一体"总体布局之中，并将"坚持绿水青山就是金山银山"的理念写进中央文件，实现了中国特色社会主义建设实践理念的重大转变。

（二）发展方式发生重大转变

党的十八大以后，中国特色社会主义建设实践理念发生重大转变，从注重生态环境的工具价值向注重生态环境的内在价值转变，社会经济发展模式开始由粗放型向集约型、由数量型向质量型、由"黑色"向"绿色"转变，国家生态环境恶化趋势得到有效控制，美丽中国建设开始扬帆启航。正如美国学者普朗所说："中国面临的挑战是领先从 A 模式——传统经济模式——转向 B 模式，帮助构建一个新的经济和一个新的世界。"具体而言，当前我国社会经济发展方式发生重大转变主要表现为三个方面。首先，努力促进绿色发展。在绿水青山就是金山银山的理念指导下，各级政府在制定产业政策时，将绿色产业体系的发展纳入其中，并通过现代生态技术应用、传统企业转型升级、绿色消费意识培养等方式推动生产方式和消费方式的转变，实现产业发展的绿色转型。正如习近平总书记所指出的：如果能够把生态环境优势转化为生态经济的优势，那么绿水青山也就变成了金山银山。其次，鼓励资源循环利用。鼓励个人、单位、企业等各个环保主体加大对废弃物的回收和再利用，实现变废为宝，提高各种资源的综合利用率，努力实现资源循环利用的新突破。根本上改善生态环境状况，必须改变过多依赖增加物质资源消耗的发展模式。最后，推动低碳发展。通过财政支持、政策引导等方式推动企业发展节能低碳产业，严格限制高能耗、高污染企业的生产，实现生产向绿色环保转变。

二、实现生态价值和经济价值的内在统一

生态价值和经济价值是协调统一的，两者共同支撑着社会经济稳定健康发展。需要特别指出的是，当前生态价值已成为社会进步程度的直接体现。实现生态价值和经济价值的内在统一，对于协调经济与环境之间的平衡，保证生态环境安全，促进社会的整体化发展，推动社会经济良性发展，均有着不可替代的作用。在改革开放后很长一段时期内，人们一直认为经济价值优于生态价值，经济价值几乎成为衡量社会进步的唯一指标，经济价值与生态价值之间呈现严重的不平衡现象。经济价值固然重要，但如果只强调经济价值而忽略生态价值，甚至以牺牲生态价值换取经济价值，最终会导致经济发展与生态环境两者严重失衡，这样的社会也不可能是一个健康的社会。习近平总书记提出"绿水青山就是金山银山"的发展理念，既是对我国前期社会主义制度建设经验教训的历史总结，也是对马克思主义生态文明建设理论的丰富和发展，它必将成为协调经济发展与生态环境平衡的重要战略发展思想。因而，从本质上看，习近平总书记提出的"两山"理念是一种生态价值和经济价值内在统一的发展理念，为构建我国生态价值和经济价值内在统一的社会发展模式夯实了根基、指明了方向。

一方面，习近平总书记提出的"两山"理念彰显了生态价值

和生态效益的重要性。习近平总书记提出的"两山"理念承认自然在价值形成中拥有无可替代的作用，并蕴含着丰富的自然价值和自然资本发展理念。承认自然的经济价值和自然在经济增值中的作用，可以更好地规范和指导社会各个主体的经济活动或经济行为，更好地防止社会生产、生活等活动肆意破坏生态环境。因此，国务院明确提出"保护自然就是保护和发展生产力"。而且，习近平总书记提出的"两山"理念，承认生态价值对经济价值有着巨大的影响，蕴含着丰富的生态生产力发展观念。习近平总书记的"两山"理念清晰地告诉我们，维护好生态价值也就等于维护了经济价值，生态价值已经成为衡量一个社会先进生产力的重要指标。

另一方面，习近平总书记提出的"两山"理念表明生态价值与经济价值之间不是对立的关系，而是相辅相成的互补关系。从习近平总书记对"两山"理念的系统阐释来看，生态价值和经济价值是辩证统一的关系，它表达了经济与生态环境的全面发展，生态价值和经济价值不可分割、构成了一个整体。习近平总书记的"两山"理念要求我们在实践中用辩证的思维处理生态价值与经济价值之间的关系。一是要坚持生态价值和经济价值的内在统一性，推动两者之间合理转换，避免以牺牲生态价值换取一时的经济价值。要树立发展和保护相统一的理念，坚持发展是硬道理的战略思想，发展必须是可持续发展、绿色发展，平衡好发展和保护的关系，实现发展与保护的内在统一，相互促进。二是要充分运用好生态价值，将生态环境优势转为生态经济优势，以绿水青山实现金山银山。因而，在社会主义制度建设实践中，我们应树立绿水青山就是金山银山的发展理念，坚守生态红线和发展底线，走生态价值和经济价值双赢的可持续发展道路。

三、强调生态保护与社会可持续发展的结合

发展是每个时代、每个国家都必须要面对的主题，但如何处理好发展与生态环境保护之间的关系，实现社会经济可持续发展又是每个时代、每个国家都无法回避的难题。为了破解这一发展难题，习近平总书记系统阐释了"两山"理念，并明确指出："生态文明建设是'五位一体'总体布局和'四个全面'战略布局的重要内容。"[①]因而，习近平总书记提出的"两山"理念，全面深刻地阐明了生态保护与社会可持续发展之间的关系，为我国未来的经济发展和生态文明建设指明了方向。

一方面，习近平总书记提出的"两山"理念进一步明确了生态环境保护是实现社会可持续发展的必然要求，也是人类社会生态文明发展的重要标志。习近平总书记的"两山"理念体现了人类对社会经济发展与生态环境保护之间关系的反思，清晰地表达了人类对未来社会发展道路和目标的憧憬。习近平总书记从国家持续发展的视角系统阐释了"两山"理念，并主张通过实施"五

---

① 《习近平谈治国理政》第2卷，外文出版社2017年版，第393页。

位一体"总体布局和"四个全面"战略布局来推动绿色发展，进而更好地保证国家社会、经济、生态的可持续发展。同时提出要坚持节约资源和保护环境的基本国策，走可持续发展之路，为人类永续发展作出应有的贡献。当前，全国各个地区积极贯彻习近平总书记的"两山"理念，不仅从源头上扭转了我国生态环境恶化的趋势，而且为人民群众生存和发展创造了一个良好的生态环境，为中国社会经济的持续发展作出了重要的贡献。

另一方面，习近平总书记提出的"两山"理念进一步明确了生态环境保护是维护好子孙后代生存和发展空间的重要保证。人类演进的历史经验告诉我们，人类社会对自然资源的使用，既要考虑当代人的需求，更要考虑子孙后代的发展需要，要给子孙后代留下足够的生存空间和发展资源，绝不能以牺牲环境为代价换取经济的快速发展，我们要谋求的是可持续发展，即强调经济、社会、资源和环境保护的协调发展，既发展经济，又保护人类赖以生存的生态环境和资源，使子孙后代能够永续发展并安居乐业。习近平总书记从中华民族的永续发展出发提出了"两山"理念，不仅满足了当代人对生态环境的需要，也为后代子孙留下了绿水青山，保证他们能够永续发展。

（作者：郭兆晖）

7 **如何正确把握生态文明建设的六个关系？**

党的十八大将生态文明建设纳入中国特色社会主义事业"五位一体"总体布局，这表明了我们党对中国特色社会主义建设规律的认识不断深化。建设生态文明，是关系人民福祉、关乎中华民族永续发展的长远大计。

建设生态文明，是关系人民福祉、关乎中华民族永续发展的长远大计。正确认识和理解为什么建设生态文明、建设什么样的生态文明、怎样建设生态文明等重大理论和实践问题，持续推进新时代生态文明建设，加快建设美丽中国，必须把握好六个关系。

人与自然的关系。人与自然的关系是人类社会最基本的关系，也是建设生态文明需要回答的根本问题。人与自然是生命共同体，人类必须尊重自然、顺应自然、保护自然，要坚持人与自然和谐共生。这是马克思主义关于人与自然关系原理的新概括、新发展，为加强生态环境保护、建设生态文明提供了科学依据。人与自然是相互依存、相互联系的生命共同体，自然界创造了人本身，为人类提供生活资料和实践活动资料，人类虽然可一定程度地利用和改造自然，但人类归根到底属于自然的一部分，只能在同大自然的互动中生产、生活、发展而无法独自存在。这就决定了人类必须尊重自然、顺应自然、保护自然，而不能凌驾于自然之上，对自然界只索取不保护，必然遭到大自然的惩罚和报复，这是无法抗拒的规律。因此，我们要科学把握人对自然的依存关系及其改造活动，像保护眼睛一样保护生态环境，自觉维护人类发展需求与生态环境资源供给之间的平衡。

生态文明与人类文明的关系。生态文明是人类社会发展到工业文明时代的产物，是人类文明的重要组成部分。生态环境是人类生存和发展的根基，生态环境变化直接影响文明兴衰演替。生态文明蕴含着对人类发展经验教训的深刻总结，体现出深邃的唯物史观，阐明了生态建设在人类文明发展中的重要地位和作用。从历史看，人类社会发展史，就是一部人与自然的关系史。古今中外都曾出现过为得到耕地而大规模毁灭森林，从而导致一种文明逐渐衰败乃至最终消失的深刻教训。这就警示我们，人类不能违背自然规律、肆意掠夺、征服大自然，而必须与自然和谐共处。从现实看，工业化创造了物质财富增长的奇迹，但也付出了沉重的生态代价，造成全球性生态危机。我国经过40多年快速发展，生态环境问题也凸显出来，严重影响经济社会发展和人们生活质量。因此，正确把握生态文明与人类文明的关系，要深刻认识生态文明是现代文明的重要内容和高级形态，尊重自然规律和生态规律，切实贯彻节约资源和保护环境基本国策，推动生态环境质量持续改善，真正走向生态文明新时代。

生态系统各子系统之间的关系。生态环境是一个统一的自然系统，是紧密联系、相依共存的有机整体。山水林田湖草沙是一个生命共同体，环境治理是一项系统工程，进行统一保护、统一修复十分必要，要统筹山水林田湖草沙系统治理。这揭示了自然生态系统中各子系统之间唇齿相依、互依共生的内在关系，阐明了生态环境保护修复和治理是一项复杂系统工程，必须按系统工程的思路和方法来保护生态环境、建设生态文明的道理。因此，针对我国生态系统脆弱、环境污染较重的现实，要遵循生态系统内在规律，按照以节约优先、保护优先、自然恢复为主的方针，以辩证思维和系统思维对自然生态各要素进行整体保护、系统修复、综合治理，做到源头严防、过程严管、后果严惩。围绕科学布局生产空间、生活空间、生态空间，优化国土空间开发格局，深入推进主体功能区战略，着力解决突出生态环境问题，坚决打好污染防治攻坚战，大力实施重要生态系统保护和修复重大工程，加快构建结构稳定、功能完备的生态环境保护支撑体系，推动形成生态廊道和生物多样性有效保护网络，给自然留下更多修复空间，给农业留下更多良田。

生态文明建设与经济建设、政治建设、文化建设、社会建设的关系。对生态文明建设作出科学准确定位，是正确处理生态文明建设中各种关系的基础和关键。党的十八大以来，我们党关于生态文明建设的战略思想和决策部署不断丰富和完善，把生态文明建设纳入中国特色社会主义事业"五位一体"总体布局，把坚持人与自然和谐共生列入坚持和发展中国特色社会主义基本方略，把绿色发展归入新发展理念，把污染防治置于三大攻坚战之一，把美丽中国立为全面建设社会主义现代化国家的重要目标。这些部署要求，明确了生态文明建设与经济建设、政治建设、文化建设、社会建设之间是"五位一体"、荣损与共的关系，体现了党对生态文明建设规律的深刻把握，体现了生态文明建设在党和国家事业中的战略地位。因此，要坚持统筹推进"五位一体"总体布局和协调推进"四个全面"战略布局，把生态文明理念和原则融入经济建设、政治建设、文化建设、社会建设各方面和全过程，坚决做到推进生态修复、环境保护、绿色发展不动摇、不松劲，推动生态文明建设不断取得新成效。

经济发展与生态保护的关系。如何处理经济发展与生态保护的关系，是生态文明建设面临的核心问题。保护生态环境就是保护生产力，改善生态环境就是发展生产力。我们既要绿水青山，也要金山银山，就是将生态环境纳入生产力范畴，这揭示了生态保护与经济发展之间是相依共存、相融互促的辩证统一关系，体现了可持续发展的内在要求和鲜明的绿色发展理念，指明了实现发展和保护协同共生的新路径，丰富发展了马克思主义生产力理论。当前，国外经济形势复杂多变，国内经济下行压力较大，过去那种铺摊子、上项目、拼资源的粗放式增长模式很容易死灰复燃。因此，必须坚持绿水青山就是金山银山的理念，把发展经济和保护生态环境有机统一起来，坚持发展以不破坏生态环境为底线，加快构筑尊崇自然、绿色低碳循环发展的经济体系，积极探索以生态优先、绿色发展为导向的高质量发展新路子，使绿水青山持续发挥生态效益和经济社会效益，形成发展保护相促进、质量效益相统一、人口资源环境相协调的可持续发展局面。

当代发展需要与后代生存空间的关系。生态环境保护是功在当代、利在千秋的事业。良好的生态环境是最公平的公共产品，是最普惠的民生福祉。从政治、战略和历史的高度来看，它阐明了建设生态文明既关系当代人需要又关系子孙后代需要的道理，拓展了民生范畴的内涵，回答了保护生态环境、建设生态文明为了谁的问题，丰富发展了马克思主义关于民生的论述，这标志着当代中国共产党人的历史自觉、文明自觉和生态自觉达到一个新的高度。因此，要始终坚持以人民为中心的发展思想，统筹兼顾当代发展需要与后代发展空间，坚持走生产发展、生活富裕、生态良好的文明发展道路，严守生态红线，转变发展方式，补齐生态短板，既满足当代发展和人民群众对美好生态环境的需要，又为子孙后代留下可持续发展的"绿色银行"和天蓝地绿水清的生产生活环境。

（作者：肖玉明）

如何理解生态环境治理必须激发公众主体意识?

党的十九大报告指出,建设美丽中国要着力解决突出环境问题,要"构建政府为主导、企业为主体、社会组织和公众共同参与的环境治理体系"。显然,日益严峻的环境问题使得生态治理被提升到更高的战略高度。生态治理不仅是政府和社会的责任,更需要人民群众的内在认同与积极参与。因此,强化公众的主体意识是关键。

保障公众对环境治理的知情权。知情权是公众的一项基本权利,环境知情权是环境权与知情权的结合权,表现为对环境事务的参与性权利。公众的参与程度越高,对知情权的要求相应也就越高。首先,知情权关系公众对环境治理的协同能力。近年来,公众对环境问题及其危害的认识不断提高,公众环境保护意识日渐觉醒。公众参与环境保护监督,既是公众实现参与权利的过程,也是公众承担社会责任、与行政管理主体共同应对环境污染威胁的复合过程。从这个意义上说,公众知情权的实现程度影响着各主体之间的协同力度。其次,环保信息公开是保障公众知情权的前提。《中华人民共和国环境保护法》第五章规定了信息公开和公众参与制度，依法明确了公民享有环境知情权、参与权和监督权，要求各级政府、环保部门要公开环境信息，及时发布环境违法企业名单。最后，让公众知情的重要性在于唤醒其积极参与环保的主体意识。如果实现了"人"的思维与行为方式的转变转型，将会为经济社会高质量发展提供新的动力源。

提升生态环境治理公众素养。广大人民群众是经济社会建设的主体和实践者。伴随着世界范围内"气候变暖、环境质量下降"等影响人类生存与发展的生态问题越来越多，解决环境问题不单纯依靠环保技术的创新与资金的投入，更主要的是有效提升公众环境素养，这将是推动环境保护工作的根本动力。一是要大力提升公众"知"的水平。生态环境治理素养包含着公众生态环境的知识素养、伦理素养、情感素养、意志素养、行为素养等。生态环境之"知"是公众对生态环境问题和环境保护的认知水平与把握程度，可以通过深入的宣传与案例的警醒来不断提高公众"知"的水平。二是要切实增强公众"行"的能力。生态治理之"行"是公众的环境保护行为取向和具体行动。比如，一些地方明确提出"树上山、水进城、煤变气、地变绿、天变蓝、城变美"的工作要求，但每一步之"变"都是建立在公众生态环境治理行动的基础之上，没有这个基础，就无法真正推动变化和实现美化。为此，可以通过典型示范与氛围营造来不断增强公众"行"的能力。三是要不断强化公众"知行合一"的自觉性。只有强化了生态环境治理的主体意识和战略思维，摒弃日常生产生活中的点滴短视行为与浪费举动，自觉按照《公民生态环境行为规范（试行）》要求，从关注、节约到绿色消费、低碳出行，从垃圾分类、环保实践到监督举报、生态倡导等，始终坚持以知促行、知行合一，真正做到像保护眼睛一样保护生态环境、像对待生命一样对待生态环境，才能以高度的自觉性和时代责任感为美丽中国作出最大贡献。

健全公众全过程参与治理的法律保障。从我国法律精神与环境治理要求来看，主动参与生态环境治理不是"想不想"或"愿不愿"的事情，而是一种法定义务，这是公众主体意识的法律依据。其一，公众要履行环境保护法定义务。一切单位和个人都有保护环境的义务，公民应当增强环境保护意识，采取低碳、节俭的生活方式，自觉履行环境保护义务。其二，加快构建"全民共治"的治理格局。公众主体意识是在实践中养成和强化的，健全的制度为强化公众全过程参与生态环境治理的自觉性和能动性提供有力保障。《中共中央国务院关于全面加强生态环境保护坚决打好污染防治攻坚战的意见》中强调构建"全民共治"的治理格局。在此格局中，公众的作用举足轻重，既关系到党委领导与政府负责的落地，也在很大程度上影响着市场与社会组织力量协同作用的发挥。其三，强化公众监督的保障机制。公众主体意识与行动自觉的增强在于制度层面的落地、落实、落细。例如，要"完善公众监督、举报反馈机制，保护举报人的合法权益，鼓励设立有奖举报基金"。其四，提高环境治理宣传的制度化水平。要充分利用各种传统节日和重要节点深入宣传，健全环境治理宣传工作的体制机制，例如，在3月12日植树节、5月31日世界无烟日、6月5日世界环境日等加大生态环境治理的"知""行"宣传力度，让人们在宣传中对我国的环境状况和污染形势形成基本认知，使其切身感受到保护环境的极端重要性，在全社会营造一种"人人有责、人人尽责"的环境治理舆论氛围，并通过创新性的体验或考验形式大力倡导各种有利于环境保护的社会公益活动。所以，制度化的宣传造势应包括宣传的指导原则、基本内容、创新形式、考评办法和保障措施等，将全国的统一性要求与各地创新性举措有机结合起来，不断增强公众参与生态环境治理的实践效能。

持续、有效推动人民群众积极参与生态环境保护和治理，形成社会协同效应，是化解生态危机的关键所在。大力提升公众对生态环境认知水平，培养人们对自然高度的道德责任感，才能为生态治理奠定坚实的主体基础。只有人人从我做起，积极参与环保行动，才能促进生态治理各项重要任务的完成，加快形成人与自然和谐发展的新格局。

（作者：郭　祎）

如何把建设美丽中国转化为全体人民自觉行动？

9

生态环境治理体系要求多主体参与、发挥各自优势，形成互补合力。党的十九大报告提出"构建政府为主导、企业为主体、社会组织和公众共同参与的环境治理体系"。建设美丽中国是人民群众的共同事业，既是人民主体地位在生态文明建设中的集中体现，也是绿色生活方式转型的必然要求和现代环境治理体系的重要内容。

生态文明建设惠及民生，民众是受益的主体，同时也应当是建设的责任主体。只有充分调动民众的积极性、创造性，让民众全面参与到生态环境保护中来，我国的生态文明建设才有稳固的基础，因而要凝聚起全社会的共识。2018年5月18日，习近平总书记在全国生态环境保护大会上指出，生态文明是人民群众共同参与、共同建设、共同享有的事业，要把建设美丽中国转化为全体人民的自觉行动。每个人都是生态环境的保护者、建设者、受益者，没有哪个人是旁观者、局外人、批评家，谁也不能只说不做、置身事外。良好的生态环境是人民群众的共有财富。我们必须坚持全国动员、全民动手、全社会共同参与。

全民行动在我国生态文明建设领域有多种多样的体现，如全民义务植树运动、爱国卫生运动、垃圾分类等。我国全民义务植树已经开展40多年，我国已成为全球森林资源增长最多的国家。习近平总书记率先垂范，带头履行法定义务，连续10年在北京参加义务植树活动。并通过发表重要讲话，鼓励民众人人出力，持续用力、久久为功，深入推进大规模国土绿化行动，推动国土绿化不断取得实实在在的成效，不断提高林草质量。同样，我国通过多年持续开展爱国卫生运动，也取得了显著的效果。疫情之下，习近平总书记尤其强调我们要坚持开展爱国卫生运动。他认为这不是简单的清扫卫生，更多应该从人居环境改善、饮食习惯、社会心理健康、公共卫生设施等多个方面开展工作，特别是要坚决杜绝食用野生动物的陋习，提倡文明健康、绿色环保的生活方式。近年来，随着生活垃圾分类在各地的普遍开展，垃圾分类活动已经成为社会文明新时尚，成为人民追求美好生活的重要体现。进入新时代，人民群众对美好生活环境的向往、对环境权的维护、对公共生态产品的需求与生态资源环境的承载力降低、生态公共产品供给不足、生态环境形势严峻之间的矛盾日益凸显，亟须进一步引导全民共同参与，提升生态环境治理能力。

首先，需要普及生态文明理念，增强全民生态文明意识，加强绿色低碳循环发展的知识教育和普及工作。以观念更新为先导，引领经济绿色低碳循环发展。将绿色低碳循环发展知识纳入国民教育和培训体系。将生态文明的宣传教育落实到位，增强全民节约意识、环保意识、生态意识。通过绿色公民的培养，塑造爱护环境的道德风尚。通过弘扬生态道德，唤醒民众的生态自觉，形成尊重自然、顺应自然、保护自然的广泛共识。

其次，需要培育生态文明行为准则，促进美丽中国建设转化为全体人民的自觉行动。我国传统文化中有丰富的生态智慧，比如，节用就是中华民族的传统美德。"一粥一饭，当思来处不易；半丝半缕，恒念物力维艰"的治家格言至今仍给人以深刻警示和启迪。在现代化进程中，我国面临资源短缺，环境污染的严峻挑战。在大力提升公民环保意识的同时，还需珍惜资源，有节制地开发利用资源，延长资源的利用周期，实现资源配置与利用的代际公平和永续发展。"知行合一"是古代先哲智慧的结晶，也是中国人历来推崇的行为准则。在构建全民行动体系方面，应加快建立健全以生态价值观念为准则的生态文化体系，进一步增强全社会推进生态文明建设的自觉性和主动性。党的十八大以来，我国在加大节能减排力度的同时，对绿色生活方式转型的推动力度也进一步加大。2015年，原环境保护部发布了《关于加快推动生活方式绿色化的实施意见》，对绿色生活方式转型设定了2020年总体目标，并通过政策措施来推动全面构建推动生活方式绿色化全民行动体系。2017年，商务部、中央文明办联合发出通知，推动餐饮行业厉行勤俭节约，引导全社会大力倡导绿色生活、反对铺张浪费，得到餐饮业和人民群众的积极响应。党的十九大报告提出，要坚持节约资源和保护环境的基本国策，倡导简约适度、绿色低碳的生活方式，反对奢侈浪费和不合理消费，开展创建节约型机关、绿色家庭、绿色学校、绿色社区和绿色出行等行动。2021年，我国出台了《"美丽中国，我是行动者"提升公民生态文明意识的行动计划（2021—2025年）》。理性消费、餐桌文明已逐渐深入人心，成为人民绿色生活的良好习惯，有力推动全社会形成绿色生活方式。

最后，需要加强信息公开，健全法律，促进环境公平。公众参与是实现环境公平的有效途径。环境决策影响公众质量和公共福利，生态系统的关联性让每个人都参与其中并共同承担风险，而广泛的公众参与有助于环境决策的科学性、公平性。在公众参与生态文明建设的过程中，应推动信息公开与公正参与，完善多元化的环境监督体制。只有形成包括政府、企业、公众、社会组织在内的主体多元化合作和监管，才能真正形成合理消费的社会风尚，营造爱护生态环境的良好风气，推动生态文明建设惠及民生。为及时准确披露各类环境信息，扩大公开范围，保障公众知情权，维护公众环境权益。我国在原有的"12369"环保举报热线的基础上，将"12369"生态环境举报热线、"12369"生态环境举报微信公众号、"12369"网络举报平台三种主要举报渠道整合为生态环境举报热线，由全国"12369"环保举报联网管理平台统一管理，实现"有报必接、违法必查，事事有结果、件件有回音"，维护公众对生态环境保护工作的知情权、参与权和监督权。

新闻媒体也加大了监督力度，对各类破坏生态环境问题、突发环境事件、环境违法行为进行曝光。此外，通过法律法规和政策杠杆加强对社会组织的管理和指导，推进社会组织的能力建设，引导和大力发挥环保志愿者作用，在全社会形成环境保护氛围，引导人民群众自觉履行环境保护责任，形成现代环境治理体系的强大社会支持力量。

（作者：李宏伟）

如何有效引导全民参与生态环境治理?

生态环境治理不仅是政府和企业的责任,也是全社会的共同事业。积极引导全民有序参与生态环境治理,是提升生态环境治理主体多元化发展、保障生态文明建设最终取得实效的关键所在。从现实经验看,全民参与历经政府、企业及各种社会主体之间的协调与合作互动,基本形成了由政府、企业和社会共同参与的生态环境治理体系,这是现代生态环境治理体系运行良好的重要标志。因此,以全民有序参与的方式,可最终达到事半功倍的效果。

不断提升全民生态素养。环境价值观的培育是良好生态环境治理的特征之一,可让环保理念深入人心。一是采取多样化的形式推进生态环保宣传教育。在延续传统宣传和教育手段的基础上,各地还可以组织开展一系列专题教育及参观活动,如举行不同主题的生态文明建设宣传日、宣传月活动,还可以通过线上和线下教育活动相结合的形式,学校、家庭、单位联合层层带动的方式,把节约文化和环境道德纳入社会运行的公序良俗。二是扩大生态文明教育培训群体范围，将更多的社会群体涵盖进来。在巩固传统学校教育的基础上，还应将其他社会人员纳入教育培训当中。具体方法是不断拓宽教育主体和对象，特别是加大对社会组织、机关企事业单位等生态文明教育培训力度，进而形成覆盖全社会的生态文明价值观培育模式，全面提升国民生态素养。

拓展全民参与治理的领域范围。通过全民绿色行动，动员全民以实际行动积极参与环保行动，逐步引导和形成全社会共同参与生态环境治理的新局面。一是倡导全民从自身做起，尊崇简约舒适、绿色低碳的生活方式。一方面，通过选择低碳出行、绿色消费，遵守环保相关规范、积极践行垃圾分类，减少环境污染的发生。另一方面，通过积极参与节约型机关、绿色家庭、绿色学校和绿色社区等一系列环保活动，呵护生活工作场所。二是积极引导全民参与多样化的生态环境治理专项活动。未来，社区将承载着更多的公共治理责任，可以重点依托社区平台开展相关生态环境治理活动。社区作为连接社会和居民的纽带，应为本地居民提供参与环保活动的机会，相关环保组织及单位也可以通过社区及时发布相关环保活动信息，使社区居民可以充分发挥自身的主动性，更便捷地参与到环保实践以及生态环境决策、监督、诉讼等活动当中去。

为全民参与提供支持与保障。引导全民参与生态环境治理重在建章立制。我国当前的环境保护法律法规政策，对于全民的知情权、社会监督权等方面做了具体的规定。但在制度落实方面，全民参与环境治理运行机制通畅性方面仍需加以完善。一是不断完备全民参与的相关制度体系并将规定真正落到实处。为此，应逐步完善环境公益诉讼等方面涉及全民参与权利的规定，通过制度的补充和完善不断增强制度规定的实操性、程序性，为全民参与生态环境治理提供有效的法律制度保障。二是建立一整套全民有序参与生态环境治理运行保障机制。一方面，在政府和全民之间建立平等对话机制，构建生态环境社会共治协商平台。通过政府与全民的社会互动，建立全民有序参与的生态环境社会治理机制。另一方面，还应建立健全政府相关信息发布平台，通过创建政府微博公众号、政务 App、网络监督曝光平台等形式，为全民获取环境信息提供便利，提升全民制度化参与的知晓度、通畅性，增强生态环境治理参与效能。

健全生态环境治理激励机制。生态环境治理是一项系统工程。只有在系统性、整体性协同治理下，才能最大限度地激发全民参与的积极性和创造性，实现生态环境治理的跨越式转变。一方面，贯彻落实我国环保法律法规中关于奖励先进的条款，进一步制定具体的环境行政奖励法律，切实解决好谁来实施、对谁实施和如何实施的问题，以此来确保相关政策真正取得激励先进、鼓励参与的效果。比如，有些城市在垃圾分类治理过程中采取了既时尚又实惠的经济激励机制，居民只要分类投放垃圾就可扫码获得积分，账户积分可用于消费抵扣、服务优惠或者商品兑换。另一方面，还应充分运用精神层面的激励机制引导全民参与到生态环境治理当中来。比如，对生态环境保护作出重大贡献的公民或组织授予荣誉称号并加强宣传，只有这样才能进一步调动全民的社会责任感和积极性，激发其长期持续地参与生态环境治理行动，最终实现生态环境治理的共建共治共享和高质量可持续发展。

（作者：杨　健）

如何发挥科学普及在生态文明建设中的积极作用，提升公众的生态文明意识和环保科学素养？

　　科学普及属于环境教育的内容，包括意识、知识、技能、态度和参与五个方面的内容。其目的在于促使人们拥有理解人与环境之间关系、评估人的存在及其活动与环境状况的互动关系的相关知识和技能，培养正确的发展观和保护生态环境的行为。这一五维环境教育框架是在1977年提出的。是年，联合国教科文组织和联合国环境规划署在苏联的第比利斯召开了政府间环境教育会议，会上通过的《第比利斯宣言》突破了环境教育过去以知识为主的特点，拓展了环境教育的内容与方法，为全球环境教育的发展构建了全新框架并沿用至今。我国的《大百科全书》对环境教育的表述也是参照了该框架：即借助教育手段使人们认识环境，了解环境问题，获得治理环境污染和防止新的环境问题产生的知识和技能，并在人与环境的关系上树立正确的态度，以便通过社会成员的共同努力保护人类环境。

　　1995年9月，党的十四届五中全会通过的《中共中央关于制定国民经济和社会发展"九五"计划和二〇一〇年远景目标的建议》明确要求"搞好环境保护的宣传教育，增强全民环保意识"。1996年8月，《国务院关于环境保护若干问题的决定》要求从干部培训、学校教育、公众参与机制、媒体宣传和舆论监督等方面加强宣传教育，提高全民环境意识。作为配套措施，同年原国家环境保护局联合中共中央宣传部、国家教育委员会印发了《全国环境宣传教育行动纲要（1996—2010年）》，提出一系列具体实施措施以提升全民族的环境意识。2011年4月，《全国环境宣传教育行动纲要（2011—2015年）》印发，要求推动建立全民参与环境保护的社会行动体系。

党的十八大之后，我国生态环境保护的科学知识和法律普及迈入常态化。2014年4月新修订的《环境保护法》规定，"各级人民政府应当加强环境保护宣传和普及工作"，"教育行政部门、学校应当将环境保护知识纳入学校教育内容"，"新闻媒体应当开展环境保护法律法规和环境保护知识的宣传，对环境违法行为进行舆论监督"。并将每年的6月5日确定为法定环境日，政府、媒体和社会组织以"世界环境日""世界地球日""国际生物多样性保护日"等纪念日为契机，集中开展范围广、影响大的环境宣传活动，普及生态环境保护政策法规和科学知识成为常态。2016年4月，原环境保护部办公厅印发的《全国环境宣传教育工作纲要（2016—2020年）》，提出到2020年的总体目标和"十三五"期间环境宣传教育的主要任务。

近年来，我国环境科学普及的形式越来越多样化，入脑入心、化态度为行动的效果愈加显著，但总的来说仍处于"想起来重要，做起来次要，忙起来不要"的阶段，距离我国建设美丽中国全民行动的要求仍有差距。实践中，学校环境教育工作的开展受到领导重视与否、资金落实与否、环境教育教师队伍如何等多重因素制约，环境教育地位不高（如缺乏专门师资、课程设置过少）、资源匮乏（如缺乏专门教材）、形式单一（如植树节、大扫除）等问题仍然突出。在行业教育和社区教育方面，如何充分发挥环境保护社会组织、行业协会、社区居委会、党支部等的作用，将政策、理论与实践相结合，拓展宣传教育渠道方式，形成常态化机制，达到较强的宣传教育效果，仍有待加强顶层设计与基层创新。

为更好发挥科学普及在生态文明建设中的积极作用，提升公众的生态文明意识和环保科学素养，笔者提出以下四点建议。

首先，推动生态文明教育制度化建设是当务之急。突出政府在推进生态文明教育方面的主导地位和责任，确定国家生态文明教育的管理机构及其职能。建议尽快编制生态文明教育规划，形成由教育部牵头、生态环境部紧密配合、其他相关部门积极参与的规划编制工作机制。教育部、生态环境部联合其他相关部门在教学研究、教材研发、试点总结、调研基础上，起草国家生态文明教育规划，并加快推进相关立法工作。规划应明确各级政府部门的生态文明教育义务和投入责任，以及社会参与生态文明教育的激励机制，并以此为契机推动各省区启动本省区的生态文明教育规划编制工作，逐步形成覆盖全国的生态文明教育规划体系。做好规划的宣传和实施工作，研究制定落实生态文明教育规划的公共政策。

其次，为开展全民生态环境教育提供组织保障。各级党委和政府要站在全局和战略高度，统一思想，切实提高对生态文明教育工作重要性的认识，多措并举为全民生态文明教育的发展提供组织保障。要求地方成立生态文明教育专门的工作机构或设置专门的部门或管理人员，组织落实生态文明教育的各项方针政策和具体任务，切实解决师资、课程、基地、资金等问题。建议建立面向各省区的生态文明教育考核体系，落实各省区的规划实施责任，按年度进行评比考核；将生态文明教育支出作为生态环境保护专项支出，列入生态环保常规预算科目，形成稳定的生态文明教育投入机制；设立全国生态文明教育公益基金，以生态文明教育专项投入资金为基础，面向社会募集捐赠资金；设立咨询机构，鼓励行业协会、社会团体成为实施生态环境教育的主要力量之一。例如，在不同行业中进行小范围的绿色、低碳生产生活方式示范，以点带面，推广绿色、低碳的行为规则。

再次，为开展全民生态环境教育强化科技支撑。大力推动现代信息技术在生态文明教育中的普及和应用。搭建全国生态文明教育网络信息平台，通过文艺作品、新闻媒体、文化场馆、文化活动等多种渠道，提供权威、全面和动态的生态文明教育信息，推动生态文明教育信息和产品的全民共享。建立生态文明教育的管理信息系统，管理生态文明教育的知识库、产品库、专家库、项目库等各方面信息，监测评估各地区的生态文明教育工作进展，不断提高生态文明教育管理现代化水平。利用网络教学模式，提供高水平的生态文明教育在线课程，推进农村和边远地区的中小学校的远程生态文明教育。鼓励和加快生态文明教育产品的研发，促进现代科技与生态文明教育的结合，推动生态文明教育新产品的开发和推广。加强生态文明教育科学研究，及时解决生态文明教育实践中出现的重要科学问题和政策问题，为生态文明教育工作提供高水平的研究支撑。加强国际交流合作，引进国际先进的教育技术、教学资源、典型案例，开发生态文明教育虚拟实验室和数字图书馆，促进生态文明教育技术和经验的国际交流。

最后，坚持把握重点、多措并举，提升成效。明确生态文明教育的重点实施对象和重点阵地。以政府行动模式为龙头，凝聚和动员全社会各方面的力量。以领导干部和公务员培训教育为抓手，推动各级政府重视生态文明教育工作。例如，截至2021年末，生态环境部共组织命名5批362个国家生态文明建设示范区和136个"绿水青山就是金山银山"实践创新基地，培育了一批践行习近平生态文明思想的示范样本。以公益、行动、影响为三大评选标准，每年评选出10名"绿色中国年度人物"，成为我国政府在环保领域设立的最高奖项。近年来，环保设施开放工作成为科普教育的重要阵地，涵盖环境监测设施、城市污水垃圾处理设施、城市生活垃圾处理设施、危险废物和废弃电器电子产品处理设施等，促使公众真正理解环保、支持环保、参与环保。此外，以学校教育为主阵地，以中小学生为重点教育对象，除了传统的课堂渗透式教育，要重视体验式和实践性教育，让学生在非课堂教育中增强意识和能力。以媒体宣传为基本途径，重视扩大网络和新媒体的作用，注重开发形式多样、群众喜闻乐见的教育产品，形成全社会关心生态文明的舆论氛围。

（作者：王晓莉）

二

绿色发展

如何理解"绿水青山"变成"金山银山"?

要保持加强生态环境保护建设的定力，不动摇、不松劲、不开口子。保持定力的重要举措就是找到让"绿水青山"变成"金山银山"的路径，使之成为带动地方经济发展、引导群众致富的重要力量，成为实现乡村振兴的重要源泉。的确，用"绿水青山"去换"金山银山"的事情我们不能干，守住"绿水青山"过穷日子苦日子的生活我们也不能要。在全面建设社会主义现代化国家的新征程上，推动"绿水青山"转变为"金山银山"尤为重要。

生态补偿变现。生态补偿既是促进生态环境保护的一种经济手段，也是对生态环境保护行为的一种激励手段。长期以来，人们养成了自然资源、生态环境取之不尽、用之不竭的惯性思维，无序开发、粗暴掠夺自然资源的现象时有发生。随着生态环境破坏的加剧、生态系统服务功能的弱化，人们才开始逐渐认识到生态环境的价值，认识到"生态环境没有替代品，用之不觉，失之难存"。既然生态环境是有价值的，那么，对破坏生态环境的行为应当进行惩罚，而对保护生态环境的行为应该给予相应的补偿。生态补偿机制的实施，就是遵循"谁保护、谁受益"的原则，通过政府财政转移支付的方式，让保护生态环境的区域或个人获得相应的补偿收益，以激励其持续增加外部经济性。从补偿的类型来看，不仅要探索专门针对某一类资源保护进行的补偿，如森林生态效益补偿、水资源保护补偿，也要探索针对某一区域生态环境保护进行的补偿，如水源地保护补偿、生态区域补偿等。从补偿的资金来源来看，不仅要探索同级政府间的横向转移支付，也要探索上下级政府间的纵向转移支付。从补偿的区域来看，不仅要探索同一行政区划内的补偿，也要探索跨行政区划间的补偿。总之，要充分发挥好生态补偿机制推动补偿区域产业结构调整、公民环保意识增强和环保行为养成以及收入的增加，实现环境效益、经济效益和社会效益等综合效益的显著提升。

市场机制变现。通过市场机制变现，就是探索资源使用权交易、排污权交易、碳汇交易等市场化交易机制，发挥市场配置资源的决定性作用，从而实现生态资源向生态资产的转化。这种变现的途径虽然从根本上说也是生态补偿的一种形式，但它不同于政府财政转移资金的补偿，它是市场主体之间通过协商交易或竞价交易实现合理补偿的一种方式，是发挥了市场这只"看不见的手"的决定性作用。实践证明，这种以市场机制为基础的污染防治模式，能有效激励企业从污染治理和减排的被动应付向主动有为转变。因为在这样的制度框架下，任何排污单位只有依法有偿取得排污权指标，才能向环境直接或间接排放污染物，它遵循的是"谁污染、谁付费"的原则。但同时，任何企业只要通过自身努力，如工艺改进、新技术运用或管理效率提升等，减少了污染物排放，实现了排污权指标剩余，它就能够通过市场交易行为即出售剩余排污权指标从而获得经济回报，实现剩余排污权指标的变现。当前，要有效发挥市场机制的"变现"功能，还要进一步在排污权交易制度设计、市场层级、交易方式、交易标的、金融创新等各方面强化顶层设计，扩大交易市场范围。尤其要不断健全排污权初始指标分配和定价机制，不断创新基于排污权的融资工具。

生态产品变现。习近平总书记在党的十九大报告中明确提出要"提供更多优质生态产品"，满足人民日益增长的对美好生态环境的需要。从狭义上理解，良好的生态环境（包括绿水、青山、蓝天、白云、干净的土壤等）就是生态产品。这是自然界的本来面貌，而且它们都是有价值的。"绿水青山既是自然财富、生态财富，又是社会财富、经济财富。"[①]要使这些具有自然属性的生态产品变现，也需要探索不同的方式，比如，把自然资源直接加工成生态产品是一种变现方式，像把清新空气加工成"空气罐头"等。当然，这一类生态产品的开发生产必须把握好一个度，不然会适得其反。再如，大力发展基于清澈水源、清新空气、干净土壤的绿色农产品或有机农产品也是一种变现方式，其价值增值部分主要得益于生态、品质和安全。此外，自然生态产品为人类提

---

① 《习近平谈治国理政》第3卷，外文出版社2020年版，第361页。

供的服务，不像人类劳动那样可以直接计算成本价格，如湿地对污水的净化、森林植被对水土的保持等，目前还缺乏一套科学合理的价值核算评估体系，因此要通过转让交易、抵押担保等经济行为来实现经济价值相当困难。为此，需要我们积极探索制定生态产品价值核算技术办法，明确生态产品价值核算原则、核算技术路线等，为"绿水青山"的变现创造更多有利条件。

产业发展变现。生态环境优势与生态产业发展互为支撑、互相促进。只有持续推动生态产业的发展，才能带来良好生态环境的持久。同样，有了好山好水好空气，才能为"两山"转化创造有利条件。随着生活水平的大幅度提升，人们消费需求逐渐从衣食住行转向对教育、健康、旅行等自我价值实现的追求。"好山好水好空气、原汁原味原风情"成为发展乡村休闲旅游产业的最大优势，乡村休闲旅游产业的发展也成为"绿水青山"变现的重要途径之一。因此，对发展乡村休闲旅游产业的先行地区，要深入推进全域型产业融合发展，使"旅游+"新业态不断涌现，产业附加值不断提升；对拥有"绿水青山"的相对贫困地区，要敢于在山水上做文章，善于通过改革创新，让土地、劳动力、资产、自然风光等原本在农村已经沉淀的要素活起来，让资源变资产、资金变股金、农民变股东，带动贫困人口脱贫增收。力求实现由"美丽风景"向"美丽经济"、由"生态资本"向"富民资本"的转换。

（作者：胡继妹）

如何理解绿水青山转化为金山银山的路径与机制?

一、"绿水青山就是金山银山"的科学内涵

"绿水青山就是金山银山",揭示了经济发展与生态环境保护之间的辩证关系,体现了习近平生态文明思想。在过去很长一段时间里,人们曾经将经济发展和生态环境保护对立起来,有人认为经济发展一定要牺牲生态环境,有人认为保护绿水青山就要过穷日子。进入新时代,在生态优先,绿色发展的理念里,绿水青山和金山银山并不是冲突对立的,而是可以互相转化的。平衡好经济发展与生态保护之间的关系,需要我们对习近平总书记提出的"两山"理念有深刻的认识。从生态学的专业角度来看,"绿水青山就是金山银山"的科学论断表明以绿水青山为代表的高质量森林、草地、湿地、海洋等生态资产,为人们的生产生活提供了必需的生态产品与服务,具有巨大的生态效益。同时生态效益可以通过政策创新、市场机制创新和技术创新转化为经济效益,造福百姓。从这个角度来说,"绿水青山就是金山银山"其实就

是生态产品的价值实现。

二、绿水青山转化为金山银山的路径与机制

"绿水青山就是金山银山"的重点和难点在于"就是",核心问题是找到生态产品价值实现的路径。生态产品价值实现是习近平总书记亲自谋划、亲自部署、亲自推动的重要任务和工作。回答、解决好"就是"问题是推动生态产品价值实现、形成中国特色的生态文明建设新模式的题中应有之义。

"就是"说明"绿水青山"本身就是有价的。"绿水青山就是金山银山",首先要认识到以"绿水青山"为代表的高质量森林、草地、湿地等生态系统提供了丰富的生态产品,这些产品不仅包括人类生活与生产所必需的食物、医药、木材、生态能源及原材料等物质产品,还包括调节气候、水源涵养、土壤保持、洪水调蓄、防风固沙等调节服务产品,以及休闲游憩、宗教灵感等文化服务产品。人们无时无刻不在享受的这些生态产品是经济社会可持续发展的基础和根本,具有巨大的生态价值。要使人们充分认识到生态价值,就要开展生态产品监测调查与价值核算,为绿水青山贴上价格的标签,记一本明白的账,摸清绿水青山的家底,认清绿水青山本身的价值。

"就是"阐明"绿水青山"是重要的生产力。"绿水青山就是金山银山",不仅要把绿水青山视为发展的重要物质基础,更要

认识到以"绿水青山"为代表的高质量生态系统本身就是绿色生产力，是能够生产、增值的，是中国发展的新动能。生态本身就是经济，保护生态环境就是保护生产力，改善生态环境就是发展生产力。从理解生态环境就是生产力的角度来重视生态环境保护，要坚持系统观念，用系统论的方法统筹山水林田湖草沙系统治理，实施好生态保护修复工程，加大生态系统保护力度，提高生态系统质量和稳定性，尊重自然、顺应自然、保护自然，建设好社会—经济—自然复合生态系统，从发展的更高层次上实现人与自然和谐共生。

"就是"表明"绿水青山"和"金山银山"是互动转化的。"绿水青山就是金山银山"，以"绿水青山"为代表的高质量生态系统是重要的绿色生产力，可以生产生态产品，是自然财富、生态财富，可以通过政策、市场机制创新和技术创新转化为经济财富，造福百姓。将生态优势转化为经济优势，要转变经济增长方式和发展观念，建立以产业生态化和生态产业化为主体的生态经济体系，建立生态产品交易平台和市场，创新生态产品交易方式，通过发展生态农业、生态工业、生态旅游、绿色金融推动绿水青山提供的生态产品转化为金山银山，再通过资金投入开展生态保护和修复反哺绿水青山源源不断可持续供给更多生态产品，从而打通"两山"互动转化的通道，把绿水青山建得更美，把金山银山做得更大，实现高质量发展和高水平保护的协调统一。

三、建立健全生态产品价值实现机制

生态产品价值实现需要建立生态产品调查监测机制，对自然资源确权登记、编制生态产品目录清单，摸清"家底"，掌握生态产品保护和开发利用情况；建立生态产品价值评价机制，使人们认识到生态产品的巨大价值，同时为生态产品市场交易提供基础；健全生态产品经营开发机制，提升生产品社会关注度，建设生态产品品牌和交易指标，拓展生态产品经营范围和市场开发；健全生态产品保护补偿机制，根据生态产品价值科学完善纵向生态补偿、开展横向生态补偿、健全生态环境损害赔偿，解决补偿资金"拍脑袋""撒胡椒面"等问题；健全生态产品价值实现保障机制，以生态产品价值为"指挥棒"，完善生态文明目标考核和绿色金融市场保障支持；建立生态产品价值实现推进机制，加强组织领导尤其是党的领导，推广先行先试，强化综合性智力支撑。通过建立健全生态产品价值实现的六大机制，可以将生态效益纳入经济社会发展评价体系，融入高质量发展的方方面面，推动全社会树立、形成绿色政绩观、绿色发展观、绿色价值观。

其中，生态产品价值评价机制是重要的基础性机制。科学的价值核算体系能精准地评估出生态产品所蕴含的货币价值，可以在"两山"转化的识价值、摸家底、助转化等环节发挥积极作用，助力生态产品价值实现。提升人们对生态产品价值的认知。在过去，"两山"转化通道之所以难以打通，是因为人们只关注森林、草地、湿地等自然生态系统提供的物质产品，而水源涵养、洪水调蓄、气候调节等生态调节服务产品具有外部性和公共性，在有的地方又不具有稀缺性，导致人们习惯于无偿使用生态产品，对这部分生态产品的作用和价值没有充分认识，不知道生态产品从哪里来、有多少、也不知道生态产品价值是多少钱、有多少生态产品价值可以转化。为此，在提升人们对生态产品价值认知的时候，必须厘清与GDP（国内生产总值）相对应的被称为GEP（生态系统生产总值）的概念。GEP是指生态系统为人类福祉和经济社会可持续发展提供的各种最终产品与服务价值的总和，可以采用GEP核算技术方法，科学核算生态产品的经济价值，使人们认识到生态产品的价值。摸清生态产品目录清单和价值家底。科学开展生态产品价值核算应该建立包含生态物质产品、调节服务产品和文化服务产品在内的科学的完整的指标体系，以充分体现生态效益，体现生态系统对人类福祉的贡献。一方面，可以采用GEP核算指标体系，尤其应该注意结合区域生态系统格局、过程特征，编制体现区域特点的完整的生态产品清单，通过核算生态系统为人类提供最终产品与服务的经济价值明确区域内生态产品价值。另一方面，作为自然资源资产负债表的重要补充，生态产品价值核算结果可以使决策者清楚地了解当地生态资源和生态系统的生产状况甚至是空间分布情况，还可以为"绿水青山"及其所蕴含的生态产品贴上价值的标签，成为担保抵押、市场交易的基础。为生态补偿和生态产品市场交易提供科学依据。通过科学核算上下游间的水源涵养、土壤保持等调节服务产品价值，遵循"谁保护、谁受益"的原则，以GEP的增量作为生态补偿的依据和标准，可以使生态付费有价可循，还可以推动生态补偿由"中央政府付费"向"受益者付费"转变，提高生态补偿资金的使用效率，体现生态公平性。市场化交易方面，以区域公共品牌认证为代表的生态物质产品价值实现和以生态旅游开发为代表的生态文化产品价值实现仍然是目前市场化生态产品价值实现的主要路径，调节服务产品的交易尚缺乏一个综合性的能够量化的指标、标准和统一的交易市场。可以采用GEP的核算结果，将生态产品尤其是调节服务产品打包，为政府采购、企业购买生态产品等"生态＋市场"的生态产业化路径提供数据支撑。还可以根据GEP核算结果，开发生态贷款、两山基金、绿色证券等绿色金融产品，搭建交易市场，打通"生态＋金融"的生态产品价值实现路径，吸引更多资金、科技力量参与生态保护和绿色发展。

生态产品经营开发机制和生态保护补偿机制是生态产品价值实现的关键步骤。生态产品经营开发机制，就是拓展实现渠道，通过利用绿水青山发展相关产业创造价值，一方面是交易生态产品、一方面是利用生态产品附加到产业上。生态产品供需精准对接、生态产品价值实现模式、生态产品价值增值、生态资源权益交易，比如，丽水的"山字系"、玻璃管厂、高端纸等环境适宜性产业，南平的政和建最大的白茶城；再比如，在乡村振兴中，相对落后的"绿水青山"地区往往拥有较丰富的农业资源、文化资源、旅游资源、康养资源、绿色能源资源等，对发展特色农业、文化产业、旅游产业、康养产业、绿色能源产业等具有特殊的优势。实现三个以上的产业融合发展，使分工协作更深入，资源优化配置范围更宽，产业链更长，附加值提升空间更大，因而实现更多生态产品价值。生态产品保护补偿机制包括纵向生态保护补偿（青海、西藏等生态功能区，生态红线）、横向生态保护补偿（流域的赤水河流域，山水林田湖草修复的综合补偿、社会资本的投入）、生态环境损害赔偿。

（作者：宋昌素）

如何实现"两山"转化与共同富裕协同增效？

共同富裕具体体现为全体人民通过辛勤劳动和相互帮助，普遍达到生活富裕富足、精神自信自强、环境宜居宜业、社会和谐和睦、公共服务普及普惠，实现人的全面发展和社会全面进步，共享改革发展成果和幸福美好生活。改革开放以来，通过允许一部分人、一部分地区先富起来，先富带后富，极大解放和发展了社会生产力，人民生活水平不断提高。但当前我国发展不平衡不充分问题仍然突出，城乡区域发展和收入分配差距较大，各地区推动共同富裕的基础和条件不尽相同。2005年8月15日，习近平同志在浙江省安吉县考察时，明确提出了"绿水青山就是金山银山"的科学论断。习近平总书记强调保护生态环境就是保护生产力、改善生态环境就是发展生产力，把自然生态环境视为推动生产力发展的活跃因素。2021年5月，中共中央、国务院印发《关于支持浙江高质量发展建设共同富裕示范区的意见》，提出支持浙江率先探索实践高质量发展建设共同富裕示范区，并将"践行绿水青山就是金山银山理念"放在突出位置，强调全面推进生产生活方式绿色转型，高水平建设美丽浙江。"两山"理念深刻体现了经济发展与生态建设的统一价值理念，提供了解决新时代人民日益增长的美好生活需要和不平衡不充分发展之间的矛盾的实现路径。

一、"两山"转化与共同富裕的关系

"两山"转化是实现共同富裕的重要路径，也是实现共同富裕的基础保障，二者相互促进、有机统一。

"两山"转化与共同富裕紧密关联。"两山"理念强调生态与经济兼顾，"绿水青山"与"金山银山"之间、生态保护与经济增长之间并非始终是不可调和的对立关系，而是对立统一的关系。坚持人与自然和谐共生的理念，就是要兼顾生态保护与经济增长，实现生态与经济的协调发展。共同富裕是"两山"建设的奋斗目标，"两山"建设水平为实现共同富裕提供推动力与支撑。共同富裕是一种高水平的发展状态，寻求社会福利的持续改进，需要通过充分的绿色发展来实现，"两山"建设为之提供根本保障。

"两山"转化是共同富裕的前提基础。"绿水青山"是实现源源不断的"金山银山"的基础和前提。针对机械主义发展观指导下竭泽而渔、杀鸡取卵的做法，习近平总书记明确指出"宁要绿水青山，不要金山银山"①，以环境容量和生态承载力作为约束性前提条件，再考虑经济增长的可能速度。在一定的环境容量和生态承载力基础上，实现更高的经济增长只能通过技术进步与制度创新实现，在无法做到兼顾的情况下，要坚持"生态优先"。

"两山"转化与共同富裕相互支撑。"绿水青山就是金山银山"是生态经济化和经济生态化的有机统一。生态经济化将自然资源、环境容量、气候容量视作经济资源加以开发、保护和使用。对于自然资源，要将经济价值和生态价值相结合。对于环境资源和气候资源，要通过价格信号进行有偿使用和交易。经济生态化将产业经济活动从有害于生态环境向无害于甚至有利于生态环境转变，逐步形成环境友好型、气候友好型的产业经济体系。

二、探索形成了一批"两山"转化与共同富裕协同增效的典型案例

国家积极推进地方探索形式丰富多样的"两山"转化与共同富裕协同增效模式经验，促进地方因地制宜将生态环境优势转化为生态农业、生态工业、生态旅游等生态经济优势，实现"绿水

---

① 《习近平关于社会主义生态文明建设论述摘编》，中央文献出版社2017年版，第21页。

青山"转化为"金山银山",为共同富裕提供持久推动力。2017年以来,生态环境部共命名了87个"绿水青山就是金山银山"实践创新基地,培育打造了一批践行"绿水青山就是金山银山"理念的生动实践样本。我国初步探索形成了"守绿换金""添绿增金""点绿成金""绿色资本"4种转化路径,以及生态修复、生态农业、生态旅游、生态工业、"生态+"复合产业、生态市场、生态金融、生态补偿等8种转化模式。浙江省走在全国前列,安吉县、淳安县探索了各自的"两山"转化与共同富裕的协同增效模式。

（一）浙江省安吉县:"两片"叶子助推绿色发展以及形成共同富裕新动力

2005年8月15日,时任浙江省委书记的习近平同志在安吉县调研时首次提出了"绿水青山就是金山银山"的科学论断,为安吉县生态文明建设指明了方向。多年来,安吉县充分发挥生态环境优势,率先转变发展方式,关闭污染严重的矿山企业,"腾笼换鸟"大力探索绿色发展之路,以竹产业、白茶产业等为代表的生态加工业蓬勃发展,为安吉县发展注入了活力,在保护绿水青山、实现金山银山方面取得了显著成效。

牢牢坚守生态保护底线。安吉县持续加大生态保护、环境整治力度,深入开展治水治违、治气治霾、治土治废等"六治"行动,使森林覆盖率、植被覆盖率均保持在70%以上,空气质量优良率保持在90%以上，地表水、饮用水、出境水达标率均为100%。创新实施以"限药、减肥、禁烧"为重点的农业面源污染治理，探索建立企业环境污染责任风险金、排污指标有偿使用、排污权交易等制度，探索构建以绿色GDP为主导的考核体系。

发展壮大特色生态产业。安吉县依托丰富的竹林资源，通过推广培育竹林栽培技术，建设竹子科技园区，发展"全竹利用"的竹木资源深加工产业，培育竹林旅游与乡村休闲旅游，以一根翠竹撑起一方绿色经济，以占全国1.8%的立竹量，创造了全国20%的竹业产值。依托白茶产业基础，通过高标准建设标准化生态茶园，推动白茶深加工企业发展，研发安吉白茶产品推进"机器换人"提升白茶加工水平，推动白茶产业与乡村旅游产业的深度融合，实现一片叶子富一方百姓。2018年，安吉竹产业总产值225亿元、白叶一号产值25.31亿元，城乡居民可支配收入分别达到52617元和30541元。

打造新型农业发展模式。拓展农村发展空间，形成了休闲农庄、农业园区、农业产业、商贸流通和农业公园等主要形态，积极发展休闲观光农业旅游，开展乡村旅游示范村的创建工作。目前，安吉县成功创建16个乡村旅游示范村，形成类型较为多样的"农家乐"、高科技农业观光园、古镇、古村落以及农业新村等各类型的旅游乡村。乡村农业旅游"富民效应"逐步显现，上墅乡董岭村夏季避暑游客日均超过3000人，天荒坪镇大溪村直接从事农家乐以及乡村旅游就业人员达1500余人，村民收入的70%来源于农家乐经营。

安吉县从过去的靠山吃山到现在的养山富山，以竹产业、白茶产业、全域旅游、乡村旅游为主体实现"绿水青山就是金山银山"转化，持续护美绿水青山，做大金山银山，共享"绿水青山就是金山银山"转化成果，初步探索出了一条生态美、产业兴、百姓富的可持续发展之路，提升了人民收入和生活水平，为共同富裕提供了新的动力。

（二）浙江省淳安县：创新金融模式促"生态资本"变身"富民资本"

淳安县地处浙江西部，由中低山、丘陵、小型盆地、谷地和千岛湖组成，其中山地丘陵占80%，水域占13.5%，盆地占6.5%，素有"八山半田分半水"之称，是华东地区的生态屏障和水源地，全县森林覆盖率76.84%，林木蓄积量浙江省第一。立足一流、丰富的生态资源优势，淳安县探索公益林补偿收益权质押贷款新模式，发行生态环保政府专项债券，开展"两山银行"改革试点，将现代金融的理念、运作模式与以绿水青山为标志的生态资源保护和开发有效结合起来，实现生态资源向生态资产、生态资本转化，"绿水青山就是金山银山"实践创新基地建设取得积极成效，成为后发县中的先行县。

强化生态产品价值，实现制度创新驱动。建立基于调节服务功能量（水源涵养和水土保持）核算结果为依据的总量控制制度，试行重点乡镇之间调节服务功能量交易，提升县域内政策间、乡镇间的协调性，集聚政策效应，促进绿色发展。强化农村承包地经营权发证，推进有序流转、规模化经营。建立农村集体经营性建设用地入市配套制度，推进集体建设用地使用权转让、出租、抵押交易。创新绿色消费、科技研发、生态农业等领域的绿色信贷绿色金融产品，鼓励开展绿色金融资产证券化。建立生态产品价值实现引导基金，探索定向扶持生态产品价值机制。建立企业和自然人的生态信用档案、正负面清单和信用评价机制，将生态信用行为与金融信贷、行政审批、医疗保险、社会救助等联动奖惩。

探索公益林补偿收益权质押贷款新模式。淳安县山林资源丰富，但绝大多数村集体实力薄弱，单村单户难以发挥资源优势的现状。2017年，淳安县率先在里商乡石门村开展公益林补偿收益权质押贷款试点，利用村集体统管山30%的公益林补偿收益权作质押，贷款230万元用于建设当地宰相源乡村旅游基地，当年就为村集体经济创收27.6万元，为全县消薄增收打开了新渠道。在试点成功的经验基础上，按照"整县整合、抱团发展"思路，整合全县生态公益林资源，以全县402个村生态公益林补偿收益权集体留存部分作为授信基数，向淳安县农商银行质押贷款，成功融资2.5亿元，由政府国有公司统一代管运作融资所得资金，并最终选定投资资金风险低、收益持续有保障的淳安"飞地经济"

西湖区千岛湖智谷项目，2019年该项目带动村集体薄弱增收近4000万元，平均每村增收10余万元，有效缓解了项目前期融资和村集体消薄增收"两难"问题，真正达到了资源变资产、资产变资本良性转化目的，有效实现村集体从"输血"到"造血"的可持续发展。

支持发行生态环保专项债券。千岛湖配水工程实施后，为提升千岛湖水资源环境，确保杭嘉地区饮水安全，淳安县启动实施包括土地整治复绿、沿湖生态修复与环境提升工程、农业及农村面源污染防治、河道综合治理工程、矿山治理和生态修复、水源地保护与建设等在内的全域生态环境治理工程，项目总投资13.1亿元。淳安县将预期可实现的水资源转化收益作为偿还来源，以发行生态环保政府专项债券的方式筹集到资金10亿元，统筹用于开展生态环境综合治理项目，实现了水产品的资源向资金转化，形成从生态资源转化为资金又反作用于提升生态环境的良性循环，探索出水资源这一生态产品价值转化的道路，实现社会效益、生态效益和经济效益多方共赢。

淳安县通过全覆盖推进公益林补偿收益权质押贷款，将未来可预期补偿收入转化为眼前的资金收入，以异地发展资本化运作的方式，为村集体可持续发展、低收入农户增收"造血"。以预期可实现的水资源转化收益作为偿还来源，发行生态环保政府专项债券，解决生态环境治理的资金来源。淳安县盘活"生态资本"变身"富民资本"，切实推动了"两山"转化与共同富裕的协同增效，为山林资源和水资源丰富地区践行"绿水青山就是金山银山"理念提供了淳安样本。

三、"两山"转化与共同富裕协同增效面临的主要挑战

一是优质生态产品供给能力仍相对不足。党的十八大以来，党和国家持续加大生态环境保护与建设力度，生态环境质量持续好转。但与国际先进水平相比，我国生态环境质量仍有一定差距。生态环境保护的结构性、根源性、趋势性压力总体上尚未根本缓解，一些地区的环境空气质量、水体质量等仍未达标，低质量生态系统分布广，森林、灌丛、草地生态系统质量为低差等级的面积比例仍然较高，生态保护与经济发展的矛盾依然突出，生态环境质量与美丽中国建设目标要求仍有不小差距。

二是生态产品的市场有效需求明显不足。当前我国生态产品市场化机制尚不健全。生态产品具有非排他性和非竞争性等公共性特点，公共性特征与市场性的矛盾以及政策机制体制的不健全，使得生态产品市场化机制尚未健全，生态产品很难进入市场经济体系以产品的形式进行交易。惠益互利的区域协同机制亟待加强，生态产品供给方与需求方的高效对接机制尚未建立。

三是"两山"转化的政策保障不足。生态产权制度尚处在探索实践阶段，生态产权交易的立法进程仍然严重落后于交易实践，节能量、碳排放权、排污权和水权等权属交易缺乏政策保

障。我国仅在部分地区开展了生态资源总量配额跨区域交易，市场化交易机制有待进一步探索。生态产品的价值实现仍缺乏统一的计量工具，当前生态产品计量因数据来源不一、核算方法多样、核算参数难于获取、缺少标准度量单位等，导致生态产品计量结果的不可复制、不可重复、不可比较，核算结果仍然缺乏社会公认度和市场认可度，影响生态产品在市场中的合理优化配置。

四是"两山"转化与共同富裕衔接机制尚未建立。"两山"转化与共同富裕二者统筹不足，协调性较弱，协同增效成效有待强化。浙江省开展的共同富裕示范区建设，强调以"两山"转化推动共同富裕，但相关部门间仍未形成高效的联动推进机制和部门合作模式，在一定程度上削弱了"两山"转化对共同富裕的推动与支撑作用。共同富裕的"先富带后富"理念尚未深度融入"两山"转化模式中，亟待完善"两山"转化的利益分配制度。

四、实现"两山"转化与共同富裕协同增效的政策建议

一是加强重点生态功能区的生态与产业建设。持续加强重点生态功能区的生态环境保护工作力度，深入开展生态保护与修复，稳步提升生态优势区域的生态环境质量。扶持地方特色经济产业，在综合考虑生态功能定位基础上明确主产区生态产品经营

发展方向，在特色小镇、田园综合体、山水林田湖草修复等政策上给予倾斜支持，吸引资本进行投资，增加特色生态产品的市场需求，形成当地特色的生态产业。建立生态产品标签认证体系，对生态产品主产区的优质生态产品给予生态产品标签认证，培育生态标签产品消费市场，对生态标签产品生产给予财政和税收扶持，变资源优势为经济优势。

二是建立健全生态产品市场化供需对接机制。建立完善生态产品与服务的市场交易机制，增加生态产品供需对接，通过需求侧生态产品的持续消费拉动生态产品的持续供给。建立生态产品惠益互利的区域协同机制，以共同保护、共同受益的原则，建立使用付费、保护受益的协同机制，实现供给区和消费区协同共赢发展，对消费区实行经济发展和生态产品价值实现的双考核。成立生态产品交易中心，定期组织开展生态产品供给方与需求方的高效对接。加大优质生态产品的宣传力度。

三是加强"两山"转化的支撑保障。完善生态补偿机制，加大财税对生态产品产业的支撑力度，制定差别化的财税政策。将公共性生态产品纳入绿色金融扶持的范围，因地制宜挖掘地方特色的生态产品类型，开发与其价值实现相匹配的绿色金融手段。通过产权抵押和产权交易获取信贷资金，创新开展自然资源集体产权抵押、排污权等企业的收费权质押融资业务。研究建立生态产品价值统计方法，形成依托行业部门监测调查数据的生态产品价值统计核算体系，建立可复制可推广的计量核算方法。

四是推动"两山"转化与共同富裕融合发展。"两山"转化是共同富裕的重要载体和支撑平台，需从发展模式、制度建设、实施保障等多维度推进二者融合发展，构建"生态文明＋共同富裕"发展模式，在提高"两山"转化效率的同时，加快建立完善的共同富裕发展的利益机制。其一，紧密结合乡村振兴战略，加快构建形成农业农村优先发展的体制机制，鼓励城市资本、人才、技术进入乡村，发展壮大地方特色生态经济。其二，完善"两山"转化的利益分配制度，建立并完善收益分配中的最低收入保障制度，不断增加"绿水青山"所在地的居民收入。其三，突出"两山"转化过程中先富带后富的制度设计与优化，建立健全一部分人和一部分地区在"两山"转化过程中先富起来，先富带后富、先富帮后富的支撑体系。

（作者：董战峰）

如何理解持续推进生态保护和修复一体化工程？

　　山水林田湖草沙一体化保护和修复工程（以下简称"一体化工程"），是将生态作为一个有机体，统筹考虑自然资源各要素，注重整体性保护、系统性修复、综合性治理，也是我国开展生态保护修复的主线。因此，需要有效掌握其运行的规律特点，统筹谋划、科学制定一系列实施细则，加强政策的整体性配合，形成上下级联动，多部门协同，政府、企业、社会多方参与的良好局面，共同构筑生态保护和修复领域标准体系建设。

　　推进"一体化工程"需要把握好三对关系。生态保护和修复是一项涉及长期投入、持续运营的全面系统工程，需要考虑地区流域完整性、生态要素关联性，更需久久为功、周密部署，妥善处理好三对关系尤为关键。

　　首先，处理好保护修复和经济发展的关系。一方面，发展需要资源供给、环境承载，"一体化工程"实施阶段，会造成部分地区自然资源的供给减少，甚至会导致某些地方带有污染性支柱产业的消失，在一定时期和范围内存在保护与发展相互掣肘的情况。另一方面，传统粗放型增长模式难以为继，设立生态红线、开展深度治污等行动将倒逼沿线地区产业结构调整，加速减污降碳转型。因此，我们要本着"在发展中保护，在保护中发展"的原则，不断提升自然资源使用效率，加大节能环保技术研发推广力度，推动保护修复与经济发展的良性互促。

其次，处理好政府有为和市场有效的关系。一方面，"一体化工程"兼具社会公益性和经济外部性，保护修复有必要引入社会资本，但需要政府赋予相应的资源使用权、经营权及其关联权益，有效提高社会资本的参与意愿。另一方面，为有效发挥市场机制的效率优势，需要政府主动服务、搭建平台、创造需求，使社会资本能够在生态保护修复中获得长期合理收益。同时，还要全面全程依法监管，规范社会资本行为，确保保护修复工作取得实效。

最后，处理好相关战略层面的协同关系。"一体化工程"的实施要求系统治理、源头治理、综合治理，需要妥善处理好与乡村振兴、共同富裕、区域协同发展等之间的关系。以区域协同发展为例，一方面，可根据区域或流域整体统筹制定"一体化工程"规划，完善空间布局，实现自然环境整体治理。另一方面，以主体功能定位，着力打造好重点生态功能区，提升生态承载力，为区域高质量发展提供良好的生态保障。强化政策引导并在四个方面下功夫。为持续推动生态保护和修复常态化运营、纵深化发展，要以"一体化工程"为立足点，充分发挥示范带动作用，强化政策引导，以提高工作的整体性、协同性和关联性。

其一，一体谋划上下级联动。基于"五级三类"国土空间规划体系，各地要遵循生态系统的自然机理、演替规律，进一步细化政策。一方面，以重点工程为核心，建立"区域+省+市+县"多级联动的工作机制，探索由各级政府和财政、自然资源、生态环境等部门组成的联席会议制度，明确各自职能分工。另一方面，以《山水林田湖草生态保护修复工程指南（试行）》为基准，因地制宜确定实施方案编制规程、验收规程、成效评估规范、技术导则、适应性管理规范等各项实施细则。通过多部门协同、上下各级联动，提升治理能力和治理效能。

其二，坚持试点鼓励创新。推动"一体化工程"项目建设，需要逐渐形成一批效果显著、运行良好、可推广可复制的治理模式。一方面，要抓好关键点，充分发挥重点示范项目的带动引领作用，鼓励运行主体开展生态保护修复关键技术、方法、理论的创新，比如，构建生态系统关键环节识别预警技术体系，探索各类运营模式，搭建政府、企业、社会多元化参与平台。另一方面，以点带面，注重生态产业链的升级，建立关联产业合作平台，形成保护修复技术产业联盟，充分发挥集聚优势，构建"一体化工程"与康养旅游、绿色农业、新能源建设等产业有效衔接的完整链条。

其三，引导支持社会资本参与。鼓励更多的社会资本参与

"一体化工程"建设，需要注重产权激励，将保护修复与资源价值实现、生态产业发展有机融合。一方面，明确资源权益，将保护修复区内的各类自然资产权属纳入项目修复方案，支持参与主体获得修复权益，如碳汇交易量、生态产业优先经营权等。同时，鼓励社会资本参与项目方案编制，明确诉求。另一方面，在确权的基础上，探索生态修复与产业导入的运行模式，发展适宜的生态产业，进行适度的生态化利用，深化绿色旅游、现代农牧、节能环保、通道物流等生态产业的渗透，形成"投、融、建、管、营"一体化发展。

其四，加强保障体系建设。为确保"一体化工程"的平稳、规范、可持续运行，需要建立完善的物质保障体系和制度供给体系。一方面，要合理调配人、财、物，建立生态保护和修复的人、财、物分布台账，结合地方工程实施的实际需求进行匹配，加强人才队伍建设、摸清资金用途、找准生态基础设施短板。另一方面，持续优化运行环境，形成灵活可调整的适应性管理体系，推动"一体化工程"实现制度化、规范化、常态化发展。同时，重点推进生态保护和修复的市场化改革，不断完善自然资产权制度、交易制度、补偿制度等基础制度，探索交易渠道，完善交易规则，打造交易平台。

（作者：韩　冬）

如何推动西部欠发达地区实现绿色发展？

党的二十大报告指出，要推动绿色发展，促进人与自然和谐共生。西部欠发达地区当前仍面临着经济社会发展与自然环境之间的矛盾突出，生态环境尚未实现根本好转。

一、加快转变发展方式和政府职能

西部地区基于资源优势和自身发展能力不足的现状形成了以资源开发和初级加工为主的经济发展模式，这种以牺牲生态环境获取经济发展的发展模式不仅导致了生态灾难，而且使自身发展陷入困境，亟须转变经济发展方式，实现可持续发展。转变发展方式，要坚持绿色发展理念，由数量、速度型发展向质量、效益型发展转变，促使经济发展方式由排放高、耗能多、效益低的粗放型增长转变为排放低、耗能少、效益高的集约型增长。转变政府职能，将生态保护和绿色发展纳入政府核心职能范围，兼顾"经济—社会—生态"三大系统的平衡性、协调性与兼容性，优化政府绿色治理模式，加快绿色型政府建设，在理念层面形成绿色自觉意识、坚守绿色为民立场、打造绿色文化氛围，在逻辑层面遵循"共建—共治—共享"原则，在结构层面明晰治理的主体、功能、制度、方法和目标，推进系统化、科学化、精细化绿色治理新格局，确保经济转型升级和绿色发展规范有序。

二、加大绿色发展的资金投入力度

一方面是国家支持政策，在整合现有优惠政策的基础上，强化国家对西部欠发达地区绿色发展的投资倾斜、生态补偿、税收减免等政策支持。另一方面是地方引导政策，加强西部欠发达地区地方引导政策的制定，保障绿色发展顺利推进。另外，引导和鼓励社会资本参与绿色发展。西部欠发达地区应多途径、多层次、多手段筹集建设资金。制定并完善绿色发展相关的优惠政策，指引和支持民间投资绿色发展项目，在基础设施使用、土地、税收及项目审批上给予政策倾斜，以吸引更多社会资本投资绿色发展项目。

建立绿色发展基金，政府部门每年在财政预算上足额安排生态环境保护与建设资金的同时，应继续采用多种方式加大基金来源，扩充绿色发展基金。

优先将环境综合整治及生态建设重大项目列入国民经济社会发展计划中，统一规划使用。企业应设置相应资金，专门用于绿色产业培育与技术革新。

完善融资渠道建设，建立多元化的投融资机制，鼓励社会资金投向绿色发展领域。

加强资金监管力度，加强对绿色发展基金使用的严格审计监督，做到专款专用，防止挪用滥用。为保障绿色产业、绿色文化及生态建设所需资金，应建设有效的资金监管制度，主要涉及资金来源、资金使用申请和审核、资金使用过程监督、资金使用效率的审核与检查、责任追究等。

三、加快构筑绿色产业体系

发展绿色产业以满足新要求、化解主要矛盾为着力点和落脚点，是破除不平衡和不充分发展所导致的环境问题的关键所在。绿色产业发展涉及科技、环保、农业、林业、水利等多个相关行业，关系法律法规制度体系建设，需要体制机制全方位保障，是一项复杂的系统工程。加快制定适合西部地区的绿色产业发展战略，立足于加强对资源的合理利用和严格管理，使绿色产业规范有序发展。

一方面，应区别对待传统产业和新兴产业，为传统产业的企业提供末端控制的产品与技术服务，对新兴产业则应通过变更生产工艺、采用洁净生产技术，消除污染或最大限度地减少污染；另一方面，应根据当地绿色产业发展的基础、资源条件、生产水平、技术条件及需求程度的差异，采取非均衡发展战略，立足地方特色，充分发挥地区优势，重点发展资源充足、市场需求大、综合效益高的绿色技术。

西部地区绿色发展的实现在很大程度上依赖于传统资源型产业的绿色发展，应大力推进西部地区传统资源型产业的绿色发展。整合资源，淘汰落后产能，对资源型产业生产技术进行升级改造，提高资源效益，大力发展和推广清洁能源，使能源结构更加合理。而且，要拓展产业链，提高资源深加工能力，增加产品附加值，推进产业向高端、产品向终端发展。

积极培育符合绿色发展的新兴产业，促进产业结构调整和升级。发展特色旅游产业，大力发展生态农业，推进农业绿色发展，并且在不同区域应结合自身优势大力发展符合绿色发展的工业和现代服务业体系。

强化绿色发展的科技支撑。科技创新是支撑绿色发展的动力源泉，绿色发展则是科技创新的重要目标之一。强化科技创新的战略支撑作用，依靠科技创新破解绿色发展中的难题，以推动西部欠发达地区绿色发展。

促进创新要素向企业集聚，增强企业创新主体地位，推进技术、人才、资金等各类创新要素向企业集聚，积极开展绿色技术创新企业认定，培育壮大绿色技术创新能力突出、引领绿色产业发展的龙头企业和典型示范企业，发挥大企业在绿色技术创新中的引领带动作用，支持龙头企业整合高校、科研院所、产业园区等力量建立市场化运行的绿色技术创新联合体，推动产学研的密切联系与科技水平的提升。鼓励企业加大研发投入，投资开发节能、节水、节材、综合利用等清洁生产技术和产品，不断提高企业清洁生产的技术水平。有效整合绿色创新资源，推动绿色技术创新平台建设，推进节能减排和循环利用关键共性技术的研发和转化，采取"政府支持、企业参与、市场运作"的方式，构建以新型研发机构为代表的技术产业融合的各类绿色技术创新平台，鼓励高等院校、科研院所和企业创建国家级、省级工程（技术）研究中心和企业技术中心、重点实验室等，推动重大绿色共性技术研发项目落户。

推进绿色技术创新链与产业链的深度融合，实现绿色技术研发、应用推广和产业发展的协同推进，打好产业基础高级化和产业链现代化攻坚战，构建自主可控、安全高效的绿色产业链。加强研究成果研发和推广应用。主动引入有助于绿色发展的新技术、新工艺、新材料、新产品，加快转化科技成果，以推动科技水平提升与绿色产业发展。加强环境科技研究与攻关，结合西部欠发达地区实际，开展区域经济与环境保护、绿色经济、环境容量与生态环境承载力等战略研究。加强生物多样性保护、农业面源污染防治以及生态治污、生态修复、废水处理工艺等关键技术的研究创新和科技攻关。拓宽生态环保科技成果转化渠道，将环保科技开发和利用作为重点，加大相关扶持力度。

加强体制机制创新。体制机制创新是西部欠发达地区实施绿色发展的重要保障，应通过构建组织协调机制、综合决策机制、评估预警机制、考核奖惩机制、交流合作机制以及公众参与机制，推进西部欠发达地区绿色发展。

加强组织协调机制创新，强化绿色发展的领导、组织、协调和决策，建立完善的任期考核奖惩和相关人员的责任机制。加强综合决策机制创新，在拟定区域开发计划、产业策略与规划时，应全面结合绿色发展的目标，寻求政策、法规等战略上的环境影响评价，增强专项规划的环境影响评价，制定和完善先环评后决定的准入机制，推行环境发展、生态合理的行政管理和决策方法，严格执行生态环境影响评价制度和重大决策听证制度。

加强评估预警机制创新，及时了解经济社会发展与生态环境变化情况，对绿色发展进程进行动态监测，并根据各类监测结果及时反馈，指导绿色发展进程，促进绿色发展的路径模式不断优化提升。

加强考核奖惩机制创新，制定绿色发展考核办法，制定绿色发展的监督和激励机制，将绿色发展纳入政绩考核评价体系，建立责任追究制度。

加强交流合作机制创新，强化沟通与协作，学习借鉴国内外循环经济发展、绿色经济体系的成功经验，促进国内外在环保与科技方面的合作。

提高公众对机制创新的参与度，抓紧建立完善促进公众参与的政策及规范性制度，做到政府政务公开化、信息公开化，保证公众的环境监督权、知情权，逐步建立政府引导下的公众参与机制，以及政府、企业和民间组织的互动机制。

（作者：郭兆晖）

如何理解绿色发展与乡村振兴的重要关系？

　　以绿色发展引领乡村振兴是走中国特色社会主义乡村振兴道路的必然选择。当前，农村人居环境污染问题仍然存在，绿色有机农产品供给不足已成为全社会普遍关注的问题。要坚定不移贯彻以绿色发展引领乡村振兴的要求，解决新问题、培育新动能、厚植新优势，推进农业农村高质量发展，实现产业强、生态美、农民富相统一，生产、生活、生态相协调，不断满足人民群众对美好生活的新期待。

　　中央和地方协同，健全绿色发展制度体系。习近平总书记强调，只有实行最严格的制度、最严密的法治，才能为生态文明建设提供可靠保障。要分清事权、明确责任，按照城乡一体化要求，加快建立适应绿色发展需要的宏观调控、资源配置、生态补偿、项目支持、金融扶持、考核评价、责任追究、联合执法等制度体系，健全生产、技术、质量标准体系，强化法律法规建设，调动政府、企业、农民、科研人员、社会力量绿色发展的积极性，使绿色发展成为普遍形态。要对现有农业法律法规、政策文件、技术标准进行梳理和清理，凡是不符合绿色发展要求的都要尽快调整或废止，确保绿色发展制度"长牙"、法规"带电"、约束有力。

融合和升级共促，做大做强农业绿色产业。产业兴旺是实现乡村振兴的前提，产业振兴必须以绿色为底色、底线。坚持融合发展、创新发展，推动农业绿色产业与工业、新型服务业融合，与旅游、文化、健康产业融合，加快用绿色产业改造传统产业。加强农村景观修复和生态化改造，提升"蛙鸣鸟叫""养眼、洗肺"生态功能，实现山水林田湖草路统筹发展。建设绿色产业大数据和物联网平台，开展资源利用、面源污染、环境监测预警，对不符合绿色发展要求的产值、产业和资源消耗要坚决问责和追责。建设新型物流、发展农村电商，使绿色产业成为新型主体和广大农户增产增效、发家致富的增长点，成为推动乡村振兴的强大动能。

政府和农民共治，大力推进农村人居环境整治。一是创新共治机制。一方面政府要加强农村饮水、污水管网、垃圾分类存放、生态景观、村内道路、废弃物集中处理设施等基础建设。另一方面要加大农民自主和合作建设项目的资金支持比重，对由农户自己负责的庭院内部、房前屋后环境整治适当给予补助；对由村民自治或村集体经济组织负责的村内环境、村内道路、植树造林等小型公益项目列出支持清单，鼓励村级组织自主选择建设，充分激发农民通过辛勤和智慧劳动建设家园的参与感、获得感，体现特色化，避免同质化，减少政府大包大揽，切实构建乡村振兴中政府与农民共建、共管、共治的长效机制。这既是人居环境整治领域需要解决的问题，也是实施乡村振兴战略中需要建立的重大机制。二是抓好突出问题治理。习近平总书记指出，厕所问题直接关系农民群众生活品质，要把它作为实施乡村振兴战略的一项具体工作来推进，不断抓出成效。根据中央要求，当前要突出抓好农村人居环境整治三年行动，以垃圾污水治理、厕所革命和村容村貌提升为主攻方向，构建长效管护和运营机制，加快补齐农村人居环境的突出短板，让农民生活质量的"里子"和农村环境的"面子"都好起来。三是防治工业污染"上山下乡"。目前全国600多个大城市中约有1/4的城市被迫将解决垃圾危机的途径延伸到乡村。要坚持内源外源共治，对农村地区的污染严格监测，对偷排乱排企业坚决查处、取缔关停，防止农村成为众所周知的垃圾转移"第三世界"。

存量和增量并举，大幅增加绿色发展资金投入。按照调整存量、争取增量、改革扩量的思路，构建财政有限保障、金融重点支持、社会积极投入的绿色发展多元投入格局。在调整存量方面，调整"三农"资金支持重点，推动农业补贴、生态补偿、科技研发、项目投资、金融贷款等主要投向特色种养、质量提升、循环利用、污染治理、智力培训等方面，建立财政资金分配与农业绿色发展绩效挂钩的机制。在争取增量方面，贯彻习近平总书记关于解决土地出让收益长期以来"取之于农、用之于城"问题的重要指示精神，调高土地出让收益用于农业农村的比例，做大农村人居环境整治、村庄基础设施建设、高标准农田建设、农村公共服务、农业污染治理投资"蛋糕"。以2015—2018年全国土地出让收益年均4.55万亿元计，调高10个点，每年可为"三农"增加4000多亿元资金投入。在改革扩量方面，加快释放农村土地制度改革红利，建立农村"三权"抵押物评估体系，探索农村"三权"抵押贷款实现形式；鼓励农村集体经济组织通过依法盘活集体经营性建设用地、空闲农房、零散用地及宅基地等，增加农民财产性收入。通过对工商企业实行税收减免、贷款优惠等支持，吸引工商资金投资绿色产业。

生产和监管并重，保障农产品质量安全。一是狠抓产出来和管出来。贯彻习近平总书记有关要求，加强源头治理、全程监管。建立生产者农资采购和施用台账，对规模生产主体和标准化生产基地实施全程、可视管理，推动国内外农产品同标、同质，建设全国性、区域性和田头三级产地市场体系，加快现代冷链仓储物流设施建设，引入互联网和电商销售机制，根据耕地质量等级优化生产布局，打造成本低、产品安全、资源环境承载能力强的绿色农产品优势区域，到2022年，初步实现"四高一强"目标。二是强化中央督查威慑。建立规模主体、生产基地和农资生产经营企业信用档案，每年按照一定比例进行抽查，开展突出问题专项整治，对生产假劣农资和施用禁用农兽药的违法失信行为进行重惩，营造不敢违法不愿失信不想超施的氛围。三是开展第三方评价。第三方机构定期开展暗访检查，鼓励投诉举报，设立微信公众号等平台，畅通投诉举报渠道。

创新和推广同步，加快绿色发展技术供给。必须依靠科技进步破解传统模式粗放增长长期积淀的问题，用问题倒逼创新，在高起点上发力：一是加快科技创新。加强绿色发展战略性、基础性研究，增强科技能力。构建市场导向的绿色技术创新体系，加大绿色发展共性技术和关键设备研发，促进研究开发、成果转化、试点示范和技术推广一体化。改善创新环境，改进评价导向，营造敢于创新、便于创新、乐于创新的氛围，切实增强绿色发展科技支撑。二是提升主体智力。针对多年来各级行政管理干部、科技服务人员、生产经营新型主体等习惯于数量增长、高成本增长的实际，实施绿色发展富脑工程，加强绿色发展理念、产业政策、技术模式、绿色消费等培训。三是加快绿色发展技术推广。启动实施国家绿色技术推广工程，发布绿色技术名录，加快配套成熟技术应用，淘汰更新老旧技术，并对各类示范主体给予一定补贴，加快构建各具特色的绿色发展产业和区域格局。

（作者：李少华）

7 如何推进农业绿色发展？

推进农业绿色发展，是贯彻新发展理念、推进农业深层次改革的必然要求，是促进绿色发展方式和生活方式以及发展节水农业、循环农业的必然选择。当前，国际形势充满不确定性，为更好应对外部环境的冲击与挑战，需要在国内国际双循环发展新格局下，合理筹划农业绿色发展的新路径，更加重视以绿色发展提升我国农业可持续性和综合竞争力。

以土地生态平衡引领绿色发展。健康的土地是"健康中国"的基石。农业绿色发展将减少农药和化肥的使用，从而降低面源污染，确保土壤质量，维护生物多样性。健康的土地产出健康的农产品，通过绿色消费使绿色农产品获得合理的价格，帮助农民增收、带动农村发展，形成农业—农民—农村的良性循环，实现产业振兴与生态振兴的"同频共振"。一是全面开展土壤环境质量调查和整治。加强重点区域重金属污染耕地修复与综合治理；有效落实化肥、农药零增长行动，促进农业投入品减量增效控害；推广病虫害绿色防控技术，扩大专业化统防统治覆盖面。二是推进农业废弃物资源化循环利用。加快构建畜禽粪便收集、存储、运输、处理和综合利用产业链，探索建立第三方处理企业、社会化服务组织合理收益，受益者付费的运行机制。促进秸秆肥料化、饲料化、基料化、原料化、燃料化"五化"利用，扩大农作物秸秆综合利用试点示范。三是加快推进畜禽无害化处理。严格规范病死畜禽收集和处理的技术要求与流程，优化无害化处理厂布局。完善集中处理与分散处理相结合的无害化处理体系，逐步提高专业处理覆盖率。四是落实绿色农业标准化战略。健全农产品产地环境、生产过程、收储运销全过程的质量标准体系；建立统一的绿色农产品全生命周期评价机制、信息披露、认证和标识制度，并通过多样化的宣传教育和实践形式，提高人民群众对绿色发展的认知度。

以数字新动能提高绿色农产品供给能力。一是逐步实现农高区"5G+4G"全覆盖，建设"5G+"绿色智慧农业"试验场"，开展精准种植、养殖。开拓云销售方式，鼓励明星、农民化身"带货主播"，通过电商、媒体、短视频等平台为当地特色、绿色农产品代言，解决疫情导致农产品滞销困境，助力脱贫增收。二是加快建设绿色农产品线上线下融合的产销对接服务平台，及时发布绿色农产品上市信息和采购需求信息，有效促进供需信息对接。三是积极推动批发市场、大型超市、电商平台等流通企业深入产地开展产销对接活动，促进其与产地精准对接，以订单农业、产销依托、股权合作等方式建立稳定合作关系。四是大力推动农村电商发展，扩大村级电商服务站点覆盖面，加快电商企业与家庭农场、专业合作社等产销对接，设立绿色农产品销售专区或专栏。积极开展电商经营培训，指导农业经营主体提升电商运营能力。五是积极开展绿色食品、有机农产品、地理标志农产品认证的宣传活动，充分利用地理标志专门保护制度，积极申报地理标志优质农产品，提升绿色农产品知名度和影响力。六是鼓励新型经营主体发展绿色高效特色种养业，按照绿色化、优质化、品牌化导向发展特色优势农产品，创建标准化生产基地。七是在绿色农产品相对集中的村庄合理规划绿色农产品产地集配中心、烘干中心、物流体系等布局，鼓励有条件的新型经营主体以新建、改建或租赁等方式增配保鲜、贮藏、分级、包装等初加工设备和冷藏保鲜设施，开展产地商品化处理，促进绿色农产品就地转化增值。

强化资本投入支持农业结构绿色升级。一是各地政府可探索设立绿色兴农投资引导基金。奖补有特色、能带动、富民强村成效明显的生态农业项目，购买农技服务、奖励科研项目以及补助科技下乡、培训指导的相关费用，支持农村电商销售、城市直销直管、农超对接和农产品进社区。二是发挥惠农资金和涉农补贴的绿色导向作用。加大对废弃物资源化利用、生物农药等农业绿色生产技术的补贴和支持力度，出台针对农户绿色生产行为的补贴政策。三是支持金融机构不断创新绿色金融产品。针对绿色农业经营主体和农业项目的特点，创新推出无形资产抵质押、活体畜禽抵押贷款等金融产品，满足绿色农业发展多元化、差异化需要。保险机构应加快天气指数保险、价格指数保险等新型农业保险产品的创新试点和推广力度，为农业绿色发展提供全方位风险保障。四是完善绿色信贷支持政策。银行开展动态授权，对绿色、低碳、循环经济领域的涉农客户予以倾斜。研究出台适应农业农村客户等特点的排污权、碳排放权、节能环保知识产权等新型抵质押担保管理办法，打造绿色农业信贷投放增长点；研究制定针对农业绿色发展项目的客户评级、项目评审办法，适当放宽对贷款期限、偿债覆盖率、收益率等方面要求。五是以多方合作服务模式缓释绿色农业信贷风险。构建银保全面合作关系，根据当地金融环境和经营管理水平，合理设置担保放大倍数和风险分担比例，共同支持绿色农业发展。积极探索与绿色生态农业保险、农村环境污染责任保险等险种联动的合作模式，降低和分散绿色农业信贷风险。

以制度创新完善绿色农产品监测预警机制。一是建立农业资源环境生态监测网络。优化农产品生产、市场、消费信息监测体系，定期发布绿色农产品监测预警报告。二是制定重要绿色农产品滞销应急方案。建立绿色农产品滞销预警机制和应急处置预案，动员各类市场主体参与农产品应急销售。三是鼓励各省推行以县为基本单位建立绿色农业资源台账，并以此为基础编制"省级绿色农业资源台账"。四是实行全链条信息化质量监管。加快建设绿色农产品质量安全追溯管理平台，将追溯体系建设与供应链、农村电商、产业扶贫等协同推进；建立红黑名单制度，完善农产品市场准入制度，加快推进食用农产品合格证贴标上市制度。

（作者：刘文俭）

8 如何有效开展农村人居环境整治?

农村人居环境整治是一项复杂的系统工程，其涉及面广、整治难度大，需要政策保障、机制创新，需要因地制宜、因村施策，需要内外兼修、形神兼备，可以说其过程也是一个为乡村"净身洗礼"的过程。只有把"面子"和"里子"结合起来，通过给环境"洗脸"、为素质"洗礼"、对产业"洗牌"三个方面，统筹推进、标本兼治，切实做到"整"有章法、"分"有活力，全面调动各方积极性、主动性和创造性，才能有多姿多彩的美丽乡村，才能有气象万千的美丽中国。

一、给环境"洗脸"，坚持多措并举

当前，城乡人居环境发展状况不平衡，最直观的体现是农村基础设施和公共服务与城市差距大，行路难、如厕难、环境脏、村容村貌差等问题较为突出。要优化农村人居环境，需要全方位多举措整治。

垃圾清理是当务之急。生活垃圾乱堆乱放、污水横流屡见不鲜、卫生死角随处可见是众多农村普遍存在的环境顽疾，严重影响村民的日常生活环境和村容村貌。因此，垃圾清理是首要任务。要坚持政府主导、分级负担，下大力气开展地毯式垃圾清理行动，彻底清除积存农村垃圾，健全管理制度，建立长效机制。垃圾清理不当也会后患无穷，要全面推广生活垃圾分类，构建再生资源回收体系，以"集中歼灭＋长效维护"打赢垃圾清理攻坚战。

推行污水处理刻不容缓。比如，传统的农村污水大多来自非规模化畜禽养殖、生活垃圾、生活用水等，不仅影响村容村貌，更危及地下饮用水资源的质量。加快农村污水处理厂建设成为改善农村环境质量的一大关键。现阶段，相当一部分农村的污水处理设施建设处于规划阶段，必须加快推动城镇污水管网向村庄延伸覆盖，实现农村污水治理基本覆盖。同时，在经济社会高速发展的当下，要用与乡村振兴发展相匹配的标准去规划污水处理设施建设，综合考虑污水处理与湿地保护、景观特色、文化宣传、基础设施建设、休闲旅游相融合，把农村污水处理设施建成多位一体的综合休闲活动中心，实现污水治理的最大收益。

厕所革命势在必行。俗话说，小康不小康，厕所是一桩。在农村如厕难问题不仅是众多游客的呼声，更影响人民群众的生活品质，一定程度反映了我们农村发展的文明程度。因此，在改厕革命过程中，技术上要把无害化卫生厕所建设与改善农民群众住房条件项目紧密结合，提高厕所污水管网接入和资源化处理能力；建筑风格上要注重考虑风土人情、地域特点、农民接受程度和旅游需求，同时添加卫生间和创新元素综合功能，如提供可上网、充电等功能的综合休息服务空间，进一步提升农村生活和旅游服务品质。

提升村容村貌是发展所需。洗干净脸自然就要裁衣装扮了，提升村容村貌可以说是农村人居环境整治的"穿衣"工程，要全力而为，更要各具特色。要找准地域特点，结合本土特色，从绿化美化亮化、提升农村生产生活的便利性出发，不断强化各类基础设施建设，进一步提升群众居住舒适度，打造农村宜居环境。

二、为素质"洗礼"，打造宜居环境

农村人居环境问题是一个复杂的社会问题，不是仅靠基层政府代替包办就可以解决的，如果政府负责"搭台"，那么"唱戏"就要靠广大村民。然而在大多数农村地区，村民的综合素质并没有跟随人居环境的提升、经济条件的改善相应提高，因此，整治农村人居环境，离不开对村民素质的"洗礼"。

加强广大农民的主人翁意识。村民既是农村的受益者，也是农村的建设者，没有村民的参与和维护，投入再多的真金白银也很难取得好的效果。所以，在开展人居环境整治工作中，听取民意是树立群众主人翁意识的一个重要方式。要广泛动员广大群众投身村居环境整治工作，进一步增强人民群众的参与感和认同感，形成村居环境共建共治共享的良好风气。

改变农村生产生活方式。绿色生产方式和良好生活方式是影响农村环境的直接方式。一方面，要结合社会文明大行动，将整治农村人居环境的举措、要求、共识、成果写入村规民约，顺势推动乡村移风易俗，引导村民养成良好的生活习惯。另一方面，要改变传统种养方式，探索绿色养殖模式，减少化肥、农药对环境的污染；要改变家庭畜禽散养方式，引导标准化、规模化的养殖模式，防止畜禽产生的污水和粪便成为农村污染源。

大力开展精神文明创建活动。培育文明乡风是维持村居环境整治成效的长久之计。基层政府要丰富农村精神文明创建活动，积极开展"好家风、好家训"、道德讲堂、星级文明户评选等系列活动，以文明创建活动引导村民自我管理、自我教育、自我提高，为农村人居环境营造良好的整治氛围。

三、对产业"洗牌"，确保生态环境治理常态化

开展农村人居环境整治的最终目标是实现农村美丽，美丽乡村需要经济支撑，因此，在整治农村人居环境的同时，要实现以"富"带"美"，促进农村人居环境"形神兼备"，确保治理成果常态化、长效化。

以扶持农业产业为切入点，提升人居环境整治水平。农业是

农村发展的基础和命脉，是农村一切生产生活的首要条件，而靠扶持农业产业发展带动基础设施建设是众多农村的现状，这也是实现基层政府、企业、农村互惠互利的一个良性渠道。所以，要以壮大农业产业为突破口，引进农业龙头企业，发挥农业产业规模化聚集效应，以产业发展辐射提升农村基础设施建设水平，以点带面提升农村人居环境。

以丰富文化旅游产业为载体，为人居环境注入灵魂。旅游产业发展和农村人居环境整治是相辅相成的，好的环境能宜游宜养宜居，乡村旅游发展能有效推动农村环境改善，而融入文化元素，更是为美丽乡村注入"灵魂"。古村落、古建筑、古民俗等得天独厚的文化底蕴是海南众多农村具备的发展优势，这也恰恰是提升农村人居环境品质的重要元素。因此，开展农村人居环境整治，要兼顾发展农村文化旅游产业，要认真梳理村庄文脉资源，把文化符号、文化传统、文化古迹与人居环境整治重点结合起来，融入乡村旅游业，在旅游产业发展、环境风格塑造上彰显本土文化特色，实现产业发展和环境整治相辅相成、融合发展。

以多元化产业发展为根基，为人居环境添动力。真金白银是保障人居环境整治的物质基础，仅仅依靠单一的产业不可能实现农村经济繁荣。对此，开展农村人居环境整治就要促进产业多元化发展，探索以村集体经济或"企业＋合作社＋村民"等方式，构建和延伸农业"接二连三"的产业链和价值链，如运用"互联网＋"模式与绿色农产品、特色民宿、农事体验、乡村旅游等新兴业态相融合，逐渐形成多元新业态、服务业主业化、农业副业化发展趋势的产业模式，为农村人居环境整治厚植经济资本，最终实现经济支撑农村美丽。

（作者：凌　云）

如何营造社区绿色空间?

在有限的空间内，建设空间多了，绿色空间就少了，自然系统自我循环和净化能力就会下降，区域生态环境和城市人居环境就会变差。作为社会结构和社会治理的基本单元，社区是推动绿色生活方式形成的重要层面。营造社区的绿色空间，是落实绿色生活的物质前提。因此，社区空间不同的分配比例和利用方式，直接影响到整个社区生活的方式。在今天城乡社区空间的设计安排中，为了居民生活的绿色化，应该关注四个努力方向。

一是适当减少建筑空间。这是近几十年在发达国家展现出的崭新人居理念。通过适当压缩建筑空间增加绿色化的室外空间，引导居民更多地走到社区公共环境中去享受自然物态和景色，同时也扩大了邻里之间的情感交流和心理沟通。有些发达国家规定社区建筑面积不能超过非建筑面积，采用环保理念设计，把以前的工业污染区经过环保部门、开发商和当地政府的协调努力建设成为环保社区。其新的空间布局保持了低密度的建造标准，每栋楼仅建造4～6层，大多是居住面积为60～90平方米的家庭用房，小区门口保留了一大片原始森林和绿地，供社区居民集体活动和放松休憩。我国一些新型并以普通工薪阶层为主要居民的社区的空间设计完全可以借鉴、贯彻这样的理念。在此有必要纠正的是国内一些"求大求全"的住房观念，无论是开发商还是业主，都希望建造面积尽量大、功能尽量多的居室，这当然会极大地使用土地、水、材料、能源等资源。但实际上，对于绝大多数家庭的生活来说，100平方米左右的家居面积已经够使用了。因此，适当减少建筑空间、扩大室外公共空间是一个符合生态文明原则的不错选择。

二是栽种尽可能多的绿色植物。空间绿化可以美化社区景致，可增加一些有益的自然资源尤其是被誉为"空气维生素"的负氧离子。如果多栽种观叶植物及合理搭配乔木及花草就会产生更多的负氧离子。一些研究表明，负氧离子有镇静催眠、祛痛止痒、利尿降压、改善心肺功能之功效。因此，在社区中尽量寻找一些空间、尽量多地种树种草是有益于所有社区居民的工作。可是，由于出于现实利益的一些考量和客观上存在的某些需求，我国一些社区的许多公共空间往往被用作经营活动或停车收费，这些空间基本上无法栽种植物。由于经费的紧张和维护的不易，社区某些闲置的土地也没有绿化，应该说这都是非常可惜的事情。因此，通过政府政策推动和多方努力加强社区绿化非常必要。一方面，把空置的土地利用起来栽种花草树木；另一方面，通过

"见缝插针""挤挪卡要"等方法挤出一些较小空间也予以绿化，如可以建设屋顶花园和墙面草坪。另外，在房间内和阳台上也可以种植花草甚至一些可以食用的蔬菜，既增加生活的情趣，也有利于身心健康。在书桌上可以摆放一两盆绿色盆景或花卉，使之直接作用于主人的感官，产生良好的身心感应。

三是统筹集约提高使用效率。空间统筹集约运用指的是科学合理地安排各类空间的用途，最大限度地发挥空间的功能，在单位时间内尽可能地获得高额效益。对于社区来说，一般性的工作是在掌握全面时间空间信息的基础上，积极谋划和充分运用已有的空间，争取一室一处多用多效。比如，如果安排得当，以社区居民为对象的公共服务、便民利民服务、志愿服务和专业社会工作服务及社区党建活动、人际协调活动、文娱活动，都可以在社区综合服务设施中进行。许多社区的地下空间常常有闲置之处，在安全允许和设施方便的条件下，可以用作某些活动场所。另外，相邻相近社区甚至社区和商场、写字楼之间也可以合作利用空间，如通过错峰共用停车场、健身设施、文娱场地等。社区的空间还要与社区外的城市空间统筹对接，内外道路的衔接既要安全顺畅，又要考虑经济实用，同时还应该鼓励自行车、步行等绿色出行方式。比如，有些发达国家的小区采用了努力减少小汽车出行的交通设计，为社区居民尽量提供良好的公共交通联系，包括合理便利的铁路站点、公共汽车线路和有轨电车线路等，这就是良好的社区内外空间统筹运用。

四是尽量使用绿色建筑和生态化设施。绿色建筑指的是具有节约资源、减少污染、保护生态、有益人类身心功能的建筑类型。在其寿命范围之内，它可以较好地为人们提供健康、舒适、和谐的居所。这类建筑是社区物质骨架的生态化表现。作为一种建设理念，绿色建筑早在20世纪60年代就逐渐发展起来，今天，其技术已经比较成熟且还在向前改进，许多地区都根据自身的自然条件编订了绿色建筑标准体系。在新建的社区或新建楼宇中，应该尽量按照标准采用绿色建筑。有必要指出的是，部分欠发达农村的社区开发者由于缺乏相关知识或生态文明的理念，对于绿色建筑关注不够、运用不足，对此应该通过一定的政策手段加强宣传和规范要求。

生态化设施指的是具有生态保护功能的设备或装置，如雨水收集装置、污水处理设备、垃圾处理系统、清洁能源系统等。我国老旧社区一般较少有这些设施，因而其本身资源节约、生态保护功能较低。新建社区应该鼓励安装这些设施，通过它们达到节约资源、降低污染、保护环境的目的。比如，社区应该严格分类，把部分可利用的垃圾投入循环能源生产系统。又如，由人工湿地等环节组成的污水处理系统，把净化出来的中水排放到循环水系，可形成一个自然游乐区。目前，我国类似设施的技术已经很多，积极地运用这类设施，对于农村社区的生态保护无疑可以起到很大作用。

综上，社区空间形态的生态型规划是基本手段和有效方法，绿色化的基础设施是重点和前提，再加上良好的政策环境、技术支持、社区文化和公众参与，可以极大地推动社区生活的绿色化。可以想象，在不久的将来，我国社区绿色空间的营造将为其自我生态循环系统提供良好的物质框架和载体，社区的居住、来往、交通、休闲、娱乐、垃圾排放等功能以此为基础将得到很好的实现，城乡社区绿色生活方式因此而得以顺畅的展开。

（作者：刘东超）

如何推动生态城市发展升级？

城市的发展是人类追求自身发展的空间反映，也是人类与自然关系或人类文明在空间上的映射。以绿色发展理念推动生态城市发展升级，核心问题是要正确认识和处理人类与自然环境、社会环境的依存关系。只有这样，才能使城市的高质量发展和生态文明建设目标得以实现。

无论是过去、现在还是未来，城市的发展质量在很大程度上取决于人类对城市的认知和定位，更取决于城市的规划和建设理念。随着全球城市化的加速发展和城市病的日益突出，以广义的生态理论视角，构建人与自然、人与人、人与社会和谐共处的生态型社会，以绿色发展理念推动生态城市发展升级，成为一个时代命题。

首先，"生态城市"与普通意义上的现代城市相比，有着本质的不同。生态城市中的"生态"，已不再是单纯生物学的概念，而是综合的、整体的概念，已经远远超出了纯自然层面上的生态。第一，深刻把握绿色治理理念与生态城市的实质内涵。要摸清绿色治理的核心概念、要素与问题，探索建立起绿色治理理念的机制。将绿色治理机制建设工作列为绿色治理工作的首要任务。第二，要充分把握美丽宜居生态城市建设要求。将绿色治理理念与生态城市相融合。坚持突出生态城市形态，山水与城市交织，自然与繁华共生，让绿色渗透到城市的每个角落，城市与森林田园融合在一起，城在园中、城园相融；重塑大美形态筑"景"，既有自然景观的意境，也有人文景观的精彩，既有一砖一瓦的精致，也有大地景观的震撼，处处皆景、景城合一；此外，还要深挖城市文化的底蕴，大力传承城市文脉，将文化融入生态城市的建设中。第三，以"两山"理论为指引，正确把握破除旧动能和培育新动能的关系。创新构建绿色产业体系、低碳城市建设路径，正确处理治理与发展的关系，将绿色治理理念与城市发展结合起来，推动绿色化、低碳化的技术创新和传统产业交叉融合升级，支持生态建筑业、生态交通业、生态制造业等转型升级，同时积极开拓城市新业态。

其次，完善生态发展制度体系，构建城市生态型政府。推动生态城市发展升级，要从制度上和执政能力上解决经济与环境发展的整体性、长期性与可持续性的问题，从生态社会发展全周期的角度建立生态型政府。第一，完善生态发展相关的制度化设计。包括完善绿色生产制度设计，构建绿色技术创新体系，将环境保护成本纳入价格，促进绿色技术、工艺和产品的生产，并培育其成为新的经济增长点；完善绿色制度设计，让绿色成为新的消费导向；完善绿色金融制度设计，提高金融服务经济系统的能力；进一步完善生态环境常态化的监管体系，以倒逼机制保障生态城市发展得到更好实施。第二，要不断完善生态化发展工作机制。将生态城市发展升级的指标和计划目标纳入政府执政考核体系，实行党政一把手负总责，各部门组织职责明确，责任、措施和投入三到位，形成分级管理、部门协调、上下联动的工作机制。建立资源节约和生态环境建设、保护绩效评价体系，完善相关制度和技术手段，健全监督制约机制。第三，发挥协同效应，建立社会组织参与生态型城市政府的多元共建格局。社会组织的活跃程度，是城市活力和生态文明建设水平的重要体现。生态型政府需要和社会组织建立常态化、开放化的对接机制，加强建立社会协同治理关系；将政府与社会组织之间的协商制度化；通过制度性规定，形成实质性落地，构建和不断完善政府与社会组织之间的接口设计。第四，城市治理体系和治理能力现代化，是生态城市发展升级的重要条件。加快提升政务服务能力和执政水平，实施智慧型城市管理，充分利用现代信息技术、大数据，整合分析城市运行系统的各项关键信息，以实现生态城市发展升级的决策精确化和措施高效化，从而协助政府实现更高质量、更有效率、更加公平、更可持续的健康发展。

再次，将绿色发展理念融入城市科学规划布局，实现生态城市健康运行常态化。生态城市发展的一个关键，是要通过各种城市组成要素在空间上的有机结合与融合，实现各个区域、各种单元、各种基础设施在功能上的互补。第一，眼光不能局限于城市本身，需要建立城乡"共建、共生、共荣"生态融合体。城乡之间是相互联系、相互制约、相互发展的，生态城市科学规划方面，需要以城乡结合、工农结合、方便生产、便利生活为原则，构建城乡融合的空间结构，使城市与乡村在空间上有机融合及在功能上优势互补。第二，合理划分生态功能区。着眼于远期发展与生态潜在功能的开发，统筹兼顾、综合部署，增强经济社会发展的生态承载力，把人居环境和自然生态保护放在首要位置。在生态功能区划中既要避免各类经济活动对居民造成的不良影响，以及工业、生活污染对居民身体健康的威胁，同时也要保证工业区、商业区与居住区的适当联系以及居民娱乐、休闲等生活需求。生态功能的区划应遵循突出主导功能与兼顾其他功能相结合的原则，实现多种功能并存。在将功能合理地段组合成为完整区域的同时，综合考虑生态服务功能类型，既照顾不同地段的差异性，又兼顾各地段间的连接性和相对一致性。比如，推进"社区＋生活圈＋商业圈"生态圈的形成，最大限度降低不合理的流动性，避免进一步加重、加大城市病。第三，以生态优先产业化发展为城市布局的重要抓手，确保经济与环境的良性循环。注重产业生态链的打造和上下游产业分工协作、转移的规划，同时还要改善、调整旧城市的不合理布局，加强新城市生态化布局，将提升城市的人居生态环境质量、升级经济产业结构、防治城市污染源作为生态规划的重要举措。

　　最后，培育以绿色低碳发展为方向的城市新业态，打造生态产业竞争力，为生态城市经济繁荣提供新动能。第一，生态城市要求的产业必须是符合绿色低碳发展的业态。坚持以产业生态化、生态产业化为方向，发挥生态效益、经济效益和社会效益的共赢价值。促进传统经济向高效可持续的生态经济转型，促进产业结构向绿色低碳化的生态产业升级，促进生产、生活方式向环境友好型、资源节约型的生态生产、绿色消费转型。生产决定消费，消费反作用于生产。推行绿色消费是城市生态化进程中的重要措施之一，充分发挥政府在绿色消费中的导向作用与示范作用，引导消费者改变传统消费模式。绿色消费包括倡导消费者在消费时选择未被污染或有助于公众健康的绿色产品，在消费过程中注重对废弃物的处置，不造成环境污染；以及引导消费者转变消费观念，向崇尚自然、追求健康的方向转变，在追求生活舒适的同时，注重环境保护、节约资源和能源，实现可持续消费。政府还可以制定一系列促进绿色消费的政策、制度以及监督、激励机制，鼓励服务性企业开发、生产、引进绿色产品，不断扩大绿色产品的市场占有率等积极措施。第二，着重打造"第二产业＋生态模式"转型升级，以生态思想优化提升第二产业，实现新动能。产业转型升级需要把绿色发展作为动力来源，着重发展生态工业、生态建筑、生态交通、生态能源等，利用新技术改造提升传统产业、发展节能环保产业、综合利用新能源与可再生能源，推进产业经济结构的战略性调整向生态产业转型。通过城市第二产业生态化发展，培育产业新业态，成为未来经济发展新的增长点。第三，大力发展第三产业以生态文化、生态旅游、生态教育、生态金融、生态物流、生态供给为基础的生态服务业。通过加强第三产业的引领作用，不仅能够推动城市的循环经济建设，实现城市生活领域的节能减排，还可以影响改变人们在城市中的生活消费方式，让生态城市更具魅力、竞争力和生命力。

生态城市的发展升级，离不开生态发展制度完善和生态型政府建设；实现生态城市的健康运行，需要绿色理念融入科学布局，以绿色低碳发展为方向，为生态城市可持续性的经济繁荣，打造以生态产业为核心的竞争力。推进国家治理体系和治理能力现代化，既是一场深刻的变革，也是面对新时代新任务提出的新要求。特别是当前我国城市的高质量发展和生态文明建设目标的实现，离不开城市现代化治理体系的完善和治理能力的升级，通过生态城市建设才能最大限度地推动城市的可持续发展，改善城市的生态环境质量，为全面建设社会主义现代化国家打下坚实的基础。

（作者：李军洋）

三

生态产品价值实现

如何正确理解生态价值?

生态价值，是指生态环境客体满足其需要和发展过程中的对于经济判断、人类在处理与生态环境主客体关系上的伦理判断，以及自然生态系统作为独立于人类主体而存在的系统功能判断。

生态价值主要包括以下三个方面的含义：第一，地球上的任何生物个体在生存竞争中都不仅实现着自身的生存利益，而且也创造着其他物种和生命个体的生存条件，在这个意义上说，任何一个生物物种和个体对其他物种和个体的生存都具有积极的意义（价值）。第二，地球上的任何一个物种及其个体的存在，对于地球整个生态系统的稳定和平衡都发挥着作用，这是生态价值的另一种体现。第三，自然界系统整体的稳定平衡是人类存在（生存）的必要条件，因而对人类的生存具有"环境价值"。

生态价值是相对于生命体来说的，可以是动物，也可以是人类，但更多的是相对于人类的生存和发展来说的。生态价值转化是经济学、社会学的生态诉求，也是人类发展的必然驱动；生态价值与人类需求之间的桥梁是生态产品转化，其分析逻辑是生态保护提升生态价值，转化生态产品，适应人类发展需求。生态系统是基础，生态价值是内涵，生态产品为人类提供服务，存在类、量、质三个维度。

生态价值同生态产品的关系是多维交互关系，不是一对一对应关系，同空间区位、价值观、社会需求、技术发展、管理水平密切相关。不同社会发展阶段，对生态产品的需求不同。生态产品具有诸多特性，如有形与无形、表层与深层、科学与人文、公共与私有、社会与经济、内部性与外部性、直接性和间接性等。无形产品如清新的空气、清洁的水源和宜人的气候等，在城市污染比较严重的时代这类产品成为时尚需求，成为休闲旅游发展的重要载体，但这类产品从生态价值利用层次来看属于生态系统服务价值的表层产品，属于环境价值类产品，是公共社会产品。生态价值转化的深层产品是指利用生物技术、信息技术开发生物科技产品，如基因产品、生物医药、生物芯片等，这是一个城市的核心竞争力，也是未来国家的核心竞争力。

生态价值的不同载体可以转化为不同类型的生态产品，发挥不同的生态效益、社会效益和经济效益，如森林生态产品、海洋生态产品、农田生态产品、公园生态产品等，人类健康发展需要各类生态系统服务的平衡，既需要公园产品，也需要田园产品，更需要森林产品。生态价值转化为生态产品是有限度的，生态系统承载力是有极限的，要想持续发展，必须合理利用科学管理。生态价值具有产品的复合性，通过生态价值的多重产品转化，实现综合效益的最大化，如农业景观价值的多重复合利用，一产、二产、三产的资源复合循环发展，农业生产、产品生产、文化生产、精神生产和健康生产的同步性、同时性、同效性；又如科技园区自然系统同研发建筑空间的多重融合为科创人员提供了优质的生活、生产、研发环境，极大地提高了工作效率，使科创园成为精神家园。良好生态本身蕴含着无穷的经济价值，能源源不断地创造综合效益，实现经济社会可持续发展。

当前，不同程度存在的重污染天气、黑臭水体、垃圾围城、农村环境问题依然是民心之痛、民生之患。要从解决突出生态环境问题做起，为人民群众创造良好的生产生活环境。从根本上解决生态环境问题，必须贯彻落实新发展理念，加快形成节约资源和保护环境的空间格局、产业结构、生产方式、生活方式，把经济活动、人的行为限制在自然资源和生态环境能够承受的限度内，给自然生态留下休养生息的时间和空间。

（作者：清　风）

如何在生态退化领域积极推动"近自然恢复"？

　　"近自然恢复"最早可以追溯到19世纪德国的"近自然林业"，强调森林管理应该回归自然。这一理念于20世纪中后期在一些发达国家和地区得到广泛应用，强调更好地维持生物多样性，强调对环境变化的抵抗力和恢复力的保护，体现出人与自然和谐共生的价值理念。

　　党的二十大报告指出，"推动绿色发展，促进人与自然和谐共生"，这一重要论断无疑为我国生态修复与保护指明了方向。党的十八大以来，我国以前所未有的力度推进生态文明建设，生态环境保护取得历史性成就。据草种创新与草地农业生态系统全国重点实验室有关资料显示，在国家重点研发计划项目的支持下，利用近自然恢复方式，有针对性地在青海省海北藏族自治州、四川省阿坝藏族羌族自治州等多地进行技术优化、集成和推广，通过近自然恢复的森林在生产力、稳定性等生态功能方面均比纯林具有更大的优势。因此，在对我国退化生态系统或生态脆弱区域进行大规模的修复和保护时，则应尽可能采用近自然恢复途径。

加强近自然生态恢复的顶层设计，完善保护制度体系。党的二十大报告指出，"加快实施重要生态系统保护和修复重大工程"。近自然生态恢复的核心理念在于利用本地乡土物种，把退化生态系统恢复到物种组成、多样性和群落结构与地带性植被接近的生态系统。因此，科学开展大规模国土绿化行动，我国可将近自然生态恢复纳入可持续发展的重大战略部署和重要指导思想，遵循自然规律、经济规律和社会规律，综合考虑地理环境、气候条件、生态资源禀赋等影响因素，把近自然生态恢复制度体系，包括集体林权制度、草原森林河流湖泊湿地休养生息制度、耕地休耕轮作制度、生态产品价值实现机制、生态保护补偿制度等纳入其中，制定合理的中长期发展规划，建立实施近自然生态恢复的长期政策体系和相应的保护机制。

坚持近自然生态恢复的原则底线，健全配套制度体系。建立因地制宜、科学实施近自然生态恢复发展策略，坚持保育结合，在全面加强保护的基础上，遵循生态系统的内在机理与规律，基于现有的经济基础、技术条件，利用原地生态系统，开展全局性、整体性、系统性工作，对已破坏的生态环境进行恢复保护。同时，制定完善、系统、科学的生态系统修复与保护制度规则体系，采用以自然恢复为主、人工措施为辅的方式，结合先进的科学技术、经营模式等辅助手段，将生态环境恢复到近乎未受到干扰前的自然状态，实现生态系统多样性、稳定性和可持续性发展。

实施近自然生态恢复工程，及时调整生态系统保护政策。实施近自然生态恢复工程，需以国家重点生态功能区、生态保护红线、自然保护地等为重点，以推进国家公园为主体的自然保护地体系建设，实施生物多样性保护重大工程，科学开展大规模国土绿化行动。同时，统筹考虑新时代下生态系统保护政策、管理措施，及时调整部署生态系统修复与保护政策，其重点和核心是采用以自然力量为主、人工手段为辅的方式，结合先进技术手段和方法，以发挥生态系统的综合效能为目标，全面提升经济、生态功能。

强化数字经济赋能生态系统，加快数字化、智能化变革。伴随着数字中国建设的持续推进，云计算、人工智能、大数据、物联网、5G 技术等数字经济新业态、新技术迅速发展，这些新业态、新技术有利于形成智慧生态保护系统，推动数字化、智能化、生态化融合发展，创造发展新动能。一方面，促进近自然生态恢复的数字化转型，构建良好数字生态体系，加速数字化、智能化生态治理，提升关键软硬件技术创新和供给能力，形成共享协调、智能高效的智慧管理体系。另一方面，加强近自然生态恢复理念下不同系统之间耦合协同，优化数字经济基础设施建设、结构、功能和系统集成，通过数字技术与近自然生态恢复的技术、管理、监控等全过程结合，释放数据要素潜力，提高生态系统修复与保护的综合运行效能。

建立近自然生态恢复的新模式，助力区域减排目标实现。发挥近自然生态恢复在区域经济发展中的积极作用，利用地理空间聚集效应、协同减排效应，构建绿色、低碳、循环的区域经济发展新格局，助力区域减排目标的实现，统筹推进区域协调发展和美丽中国建设。一方面，聚集人才、技术、资金、信息等资源要素，发挥多要素创新协同作用，加强近自然生态恢复的技术创新、管理创新和制度创新。另一方面，通过构建近自然生态恢复的示范区或示范基地，充分利用区域生态系统集成创新效应，探索建立近自然生态恢复的新模式、新机制，提升资源利用效率和区域协同减排能力，最大限度降低区域碳排放空间，树立人与自然和谐共生现代化建设的标杆和典范。

实现绿水青山向金山银山价值转化，促进可持续发展。积极推进生态系统近自然恢复，贯彻绿水青山就是金山银山理念，赋予绿水青山以合理价值，提升生态系统碳汇能力，促进生态系统可持续发展。生态系统中蕴含着巨大的碳汇资产价值，具有得天独厚的优势，在碳交易中具有强大的增值潜力和空间，是生态产业发展广阔前景的动力和源泉。一方面，通过采取"政府＋企业＋股权""企业＋股权＋项目"等多种经营方式，促进生态产品保值增值，包括得到有价值的产品、可交易碳指标等，增强参与碳交易活动的竞争优势。另一方面，通过开发碳基金、碳信托、碳指数、碳远期等绿色金融产品，推进碳汇与绿色金融融合发展，深度挖掘生态系统的经济效益和生态效益，加快实施重要生态系统保护和修复重大工程，推动退化生态系统特别是退化草地的近自然恢复，从而实现生态、生产功能的协同发展。

（作者：孙即才）

3 生态产品价值实现难在哪里、如何突破？

　　党的十九届六中全会指出，党中央以前所未有的力度抓生态文明建设，美丽中国建设迈出重大步伐，我国生态环境保护发生历史性、转折性、全局性变化。贯彻落实习近平生态文明思想，践行"绿水青山就是金山银山"理念，从源头上推动生态环境领域国家治理体系和治理能力现代化，需要构建"绿水青山就是金山银山"的生态产品价值实现的制度基础。2021年4月，中共中央办公厅、国务院办公厅印发《关于建立健全生态产品价值实现机制的意见》，从国家层面对生态产品价值实现机制进行了系统性、制度化阐述。准确把握生态产品价值实现难在哪里、如何突破，进而推动建立健全生态产品价值实现机制，构建绿水青山转化为金山银山的政策制度体系，对推动形成具有中国特色的生态文明建设新模式，进而实现经济社会发展全面绿色转型具有重要意义。

　　生态产品价值实现的难点在哪里。生态产品的生产具有鲜明的产业形态，需要通过相应的制度安排和政策体系，在"算出来、转出去、可持续"中实现受益者付费、保护者获益。那么，生态产品价值实现的难点在哪里呢？一方面，生态产品的价值在技术上难以充分、准确地衡量。实现生态产品价值需要根据生态产品质量、供求关系、生态保护成本等因素形成生态产品价格，生态产品价格形成的前提是价值核算结果可重复、可比较，技术体系可在不同地区推广移植。也就是说，价值核算体系不统一，指标体系不全面、不准确、不统一，评估方法不完善，调查方法不合理，不同研究人员采用的指标类型和方法体系也不一样，这就造成同一生态系统评估结果不一致，不同类型的生态系统、不同程度的价值评估难以对比，价值评估结果难以使人信服，无法真正提供决策参考。另一方面，生态产品的度量、抵押、交易、变现等方面，仍缺乏制度和机制层面上的保障。生态产品有效度量需要建立核算体系、制定核算规范、推动核算结果应用，这些工作离不开数据的广泛采集，需要从制度层面推动政府部门、社会组织和公司企业等多元主体之间的数据共享和持续更新。生态产品的抵押需要开辟绿色金融新领域，离不开引导金融机构加强产品创新和机制创新，探索生态信用机制，打通生态产品资产权益实现的关键环节。生态产品的交易离不开供需精准对接，这就需要完善的生态资产产权制度、生态产品价格形成机制和生态产品市场交易机制等一系列制度安排。生态产品变现的本质是"绿水青山就是金山银山"，是在严格保护和可持续利用的前提下开发利用生态产品，需要健全保护补偿机制、完善生态环境损害赔偿制度，探索生态产品价值实现的机制和模式。

生态产品价值实现的有效路径。根据生态产品的属性，可以将其划分为三类：一是具有纯公共产品属性的生态产品（例如森林、湿地、河流等），具有非排他性和非竞争性，无法界定产权，主要由政府主导进行保护和修复。二是具有私人产品属性的生态产品，生产和消费对象明确，包括生态农产品、工业品、服务业产品，企业或个人为供给主体，其市场价值可直接通过市场交易实现。三是介于二者之间的准公共产品，涉及主体众多、利益复杂，需要多元治理、协商共识，寻求利益最大公约数。在确保生态产品生态价值的前提下，将生态资源对接市场需求，将自然资本对接产业资本，可实现生态资源增值，充分发掘生态产品带来的经济红利。

纯公共产品类型的生态产品转化路径。此类生态产品的价值实现应发挥政府的主导作用。一是以政府征收税费和转移支付的形式来实现生态产品价值，采用"征收税费＋生态补偿"机制。依据征收环境保护税、资源税、耕地占用税、资源使用费等税费方式，成立生态补偿转移支付专项基金，完善纵向生态保护补偿制度，建立横向生态保护补偿机制，健全生态环境损害赔偿制度。二是由政府创造市场并制定交易规则，由企业间生态资源权益交易来实现生态产品价值，采用"明晰产权＋权益交易"机制，通过推进自然资源确权登记，健全自然资源确权登记制度规范，有序推进统一确权登记，清晰界定自然资源资产产权主体，划清所有权和使用权边界。同时，丰富自然资源资产使用权类型，合理界定出让、转让、出租、抵押、入股等权责归属，进而开展生态产品价值评价，积极开展排污权、用能权、用水权、碳排放权市场化交易探索，培育绿色交易市场机制，不断挖掘和实现生态产品的市场价值。

私人产品类型的生态产品转化路径。具有私人产品属性的生态产品价值的实现要充分发挥市场在生态资源配置中的决定性作用，不断提高生态产品价值实现的效率和效果。可采用"生态认证＋市场交易"机制，通过有公信力的第三方进行生态认证评价，由市场主体立足区域独特的自然禀赋进行业态创新、品牌培育和市场推广，科学运用先进技术实施精深加工，拓展延伸生态产品产业链和价值链，提高生态产品价值，推动生态优势转化为产业优势。各地可依托洁净水源、清洁空气、适宜气候等自然本底条件，因地制宜地对生态产品进行开发与利用，加大生态产品宣传推介力度，打造覆盖多元、品类丰富、全产业链的区域绿色农业品牌或生态产品区域公用品牌，不断构建完善"区域公用品牌＋特色产业品牌＋企业专属品牌"的品牌体系，提升生态产品的社会关注度，扩大经营开发收益和市场份额，实现供需精准对接，以优质优价的品牌优势收获生态溢价，实现生态产品价值。

准公共产品类型生态产品转化路径。其介于纯公共产品和私人产品之间的准公共产品类生态产品，一方面，可以采取"政府指导＋公众参与"模式，采取设立环境保护公益基金、生态资源储备与交易银行、土地休耕信托、生态信用奖惩等多种形式，推动企业和社会各界广泛参与。另一方面，采用"政府授权＋市场经营"机制，根据不同区域、不同生态禀赋和经济社会发展条件等，建立差异化的负面清单制度，在保护好生态资源与生态环境时，政府通过将生态资源以直接经营、委托经营等方式交由市场主体经营，培育多元的市场主体，引进专业设计、运营团队，鼓励盘活废弃矿山、工业遗址、古旧村落等存量资源，通过统筹实施生态环境系统整治和配套设施建设，推进相关资源权益集中流转经营。

（作者：董　玮　秦国伟）

4 ## 如何以优质生态产品赋能绿色发展？

党的十九大报告指出，既要创造更多物质财富和精神财富以满足人民日益增长的美好生活需要，也要提供更多优质生态产品以满足人民日益增长的优美生态环境需要。青山常在、绿水长流、空气常新，是新时代生态文明建设的题中应有之义。干净的水、清新的空气、安全的食品……优质生态产品已经成为人民美好生活的需要。如何贯彻好绿色发展新理念，推进供给侧视域下的生态文明建设，优化生态产品供给，是值得各级各部门思考和探索的重大理论与实践问题。

科学理解生态产品的概念和内涵。生态产品指维系生态安全、保障生态调节功能、提供良好人居环境的自然和劳动要素。广义的生态产品包括清新的空气、清洁的水源和宜人的气候等；狭义的生态产品指在自然资源基础上经过人的劳动创造，可以进行交换的商品和服务，其特点在于节约能源、无公害、可再生等。在农业领域，主要包括绿色、有机、无公害产品，以及由此形成的生态循环农业。在工业领域，主要包括清洁生产、循环经济、再制造技术等生产线及其产出的节能节材产品，如新能源汽车、废旧汽车拆解与家电回收利用、发动机再制造等。在建筑领域，主要包括绿色建筑、被动屋、装配式建筑、海绵城市、绿色生态小镇与住区等。在能源领域，主要指太阳能、风能、生物质能、潮汐发电以及利用储能技术等生产的绿色清洁能源。在服务领域，主要指节能服务外包、以计分兑换物品等方式回收废旧物资的"垃圾银行"等。在空间上，主要指循环经济示范区、绿色生态制造示范区以及国家生态文明示范区、国家公园、国家湿地公园、国家海洋公园、国家森林公园、国家农业公园等生态功能区。

加大生态产品供给促进绿色发展。绿色发展既是新发展理念的重要内容，也是高质量发展的重要手段，还是衡量高质量发展的重要指标。各级各部门要把加大生态产品供给、促进绿色发展作为建设美丽中国的战略举措，纳入"十四五"规划并重点抓好以下工作。

首先，更好发挥农业生态供给与绿色发展功能。把增加绿色优质农产品供给放在突出位置，大力发展生态循环绿色高效农业，增加绿色、有机、安全、特色农产品的供给量。在山区增加果树种植，实现经济效益与生态效益双提升。建立相应的质量安全、卫生生产制度，加大农业面源污染防治力度，实施种养业废弃物资源化利用、无害化处理示范工程。重点扶持种养加融合发展，形成秸秆与畜牧粪便做沼气、沼气池渣滓做种植肥料的绿色有机循环型生态农业。

其次，抓好工业重点领域的循环发展与再制造。在制造领域全面推行清洁生产、节能降耗减排。一是抓好化工等重点耗能型产业园区的循环经济示范区建设。二是扶持发动机等再制造行业发展。三是适应中国进入汽车与家电淘汰高峰期的发展需求，在经济中心城市郊区规划建设废旧汽车拆解与家电回收利用产业园，引进吸收国际先进成熟技术，完善废旧汽车拆解与家电回收利用全产业链，打造循环经济发展示范园，实现经济与生态效益双丰收。

再次，不断加大绿色能源供给与生态服务产品。一方面，结合各地实际，加快储能技术研究，加大太阳能、风能、生物质能、潮汐发电等绿色清洁能源项目建设，提升新能源占有比重。另一方面，力争"十四五"时期在各县市区规划布局一处垃圾焚烧发电厂，减少垃圾填埋导致的围城、污染地下水等现象。同时，扶持节能服务外包企业发展，推广成都市以计分兑换物品等方式回收废旧物资的"垃圾银行"等成功经验和做法，实现垃圾规模减量化、分类科学化，湿垃圾肥料化、干垃圾能源化。

最后，以持续海绵城市建设增强城镇生态功能。持续推进海绵城市建设工作，减少硬化失水面积、增加透水绿化面积；在城市地下规划蓄水设施，尤其是北方缺水城市，要做好中水利用，在山体及河道建设蓄水设施，形成植被繁茂的生态微环境。对高速路休息区、风景区游客服务中心、城市地上公共停车场、机关事业单位大型停车场等实施园林化改造，同时建设太阳能板遮阳棚、加建充电桩设施，使其成为生态型光伏停车场，既能满足新能源汽车充电需求，也避免车辆夏天被暴晒，还能充分利用土地资源，增加经济社会与生态效益。

（作者：刘文俭）

如何有效推动生态产业化?

生态就是资源,生态就是生产力,生态优势就是经济发展优势。从生产活动的角度上看,生态产业化会面临自然资源要素的产业化组织、开发收益的合理分配和生态产品的生态价值经济体现等一系列问题。生态资源产业化开发分为前端的自然资源要素整合、中端的自然资源要素提质及收益分配结构确定,以及后端的产业化开发三个环节,这是解决生态产业化过程中自然资源要素配置的三个关键环节。

一是要解决好自然资源要素高效整合的问题。山水林田湖草沙等自然资源的开发利用权利从原始所有者流向项目开发方,需要解决"见得着""聚得够"的问题,实现自然资源要素的高效配置。"见得着"即资源和项目要能实现通畅的对接,借助产权交易市场等平台,使双方信息能够准确、及时、广泛的发布和交换,实现"招到商""招好商",资源使用权、经营权等流转的过程需要建立规范的交易制度,以保障各方利益,解决契约精神缺乏等问题;"聚得够"指生态资源的高效开发利用需要资源要素的规模整合，不管是生态农业、生态工业，还是旅游、康养等第三产业，都需要对涉及的自然资源进行批量的整合利用，这其中既有集中连片扩大产能的规模需要，也有优化资源类型组合的结构需要。自然资源具有难以移动、牵涉面广、协调难度大等特点，对自然资源要素的组织天然需要"强政府"+"强市场"的模式。解决好资源与项目"见得着""聚得够"的问题，需要建立有为的服务型政府及自然资源要素组织体系，来实现资源的全域化整合、产权确认、交易体系等。在当前农村地区人口流出、生产技术提升的背景下，要鼓励各地搭建"政府主导、市场化运作"的平台，借鉴类似商业银行"分散化输入、集中式输出"的理念，建立起自然资源流转整合、提质增效、对接产业项目的运营公司体系。同时，对一定区域范围内分散零碎闲置的森林、水、耕地、古民居等资源进行整合，打造成集中连片的优质资产包；对接包装水、休闲旅游、森林康养、现代农业等生态产业，回应生产力发展对生产要素集中的要求，探索特色发展的路子。

二是要解决好自然资源的提质增效和收益分配问题。规模化整合之后的自然资源，需要进行提质增效，解决好包括资源数量、质量和管理水平以及科技、设施等各方面的投入问题，特别是要在环境保护与资源利用方面把握好尺度，给自然生态留下休养生息的时间和空间。比如，全国不少地区开展的全域土地综合整治，以"一个规划"统筹发展，"一张总图"布局"三生"空间，对土地整理、耕地垦造、村庄迁并、工业腾退、生态治理等项目规划实施，并依托"红色""绿色"等资源，发展民宿、会展、培训、生态农业、矿泉水等产业，实现"游客上山、投资进山"保护，提升了集农田、湖泊、河流、湿地、森林等于一体的综合生态系统的价值。在自然资源要素配置的过程中，前端与资源所有者的交易价格、后端与产业开发者的交易价格，确定好资源开发效益的合理分配格局。要做好原始产权的确认，广大农村还有不少的林权、古宅、水渠等资产存在权属争议，需要妥善确认才能进入开发利用环节。一方面，要加快推进自然资源产权制度改革，其关键因素是产权关系，也就是在资源调查、确权、登记、交易、监管等方面需要做好工作。另一方面，要推广多元化的资源定价回报机制，改变以征收、租赁为主的自然资源流转形式，推广租赁、赎买、合股、托管等多种形式组合的资源流转方式，通过"基本收益＋股权分红＋劳务参与"实现回报机制多元化。比如，一些地区开展重点生态区位商品林赎买试点，对非生态区位商品林采用租赁、赎买、合股、托管等方式进行流转，化解了禁伐引起的群众矛盾，提升了森林保护水平和经营效益，提高了林业产值，培育了多家林业上市公司。

三是要解决好自然资源的产业化开发问题。首先要选择产业业态，既要环保、绿色、可持续，也要发挥好资源的禀赋优势，做到产业"选得准"。科学选择资源开发利用的方向（产业）是个复杂的问题，从社会整体和产业体系角度来讲，涉及生产力最优化布局的问题。每个地方的生态优势、资源禀赋、区位特点、消费市场等各有不同，要立足发挥比较优势，选准适合发展的产业，实现产业与禀赋"相得益彰"。有的地区通过本地特色的农产品，如茶叶、稻米、茉莉花、菌菇等，打造规模产业；还有的地区利用毗邻经济发达地区的区位优势，通过打造田园综合体等形式发展休闲旅游经济，选准产业方向。其次是如何把生态价值在生态产品的价格上体现出来，实现"卖出价"。从生态溢价的角度看，生态资源开发形成的产品只有体现出"生态"的标签与内涵，得到市场和消费者的认可，才能在价格上表现出生态溢价。这就需要将"生态"的信息从资源层面一直追溯传递到生态产品的生产、流通、消费等环节，解决"看得出"和"信得过"的问题。"看得出"即能从产品"看"出其生态的特点与信息，"信得过"指这种信息能取得消费者的信任并愿意为之买单。要建设产品检测溯源体系和区域公用品牌，利用信息化、智能化的手段和区块链等技术，建立从资源端到消费端的产品检测和溯源体系。在此基础上，通过发展统一的区域公用品牌，对产品品质进行稳定强化，建立起消费者对产品"生态价值"的信赖基础，实现生态价值的经济溢出。当前，一些地方对公用品牌的探索呈现出多种模式，从产品覆盖范围来看，有主打单一品类模式，也有将区域生态地理标识作为核心竞争力的区域公用品牌模式；从运作模式来看，有政府主导型和企业运作型。但只要抓住品控这个关键，都能有效地将相关产品从同类产品中凸显出来。建立服务生态产品开发的金融、资产交易和科技服务体系，需要发挥财政性资金、政策性银行的引导作用，在融资担保、信贷产品体系等方面进行创新建设。最后是引入金融资本。需要发挥财政性资金、政策性银行的引导作用，建立服务生态产品开发的金融服务体系，鼓励各类金融机构根据生态产品开发项目的发展需求和风险等级创新金融产品，引入证券化、股权投资、抵质押贷款、保险等金融创新活跃生态产品市场交易，推动自然资本转化为金融资本，进一步促进自然资本产业化运作。

（作者：李宏伟）

6 如何理解产业生态化和生态产业化之间的协同发展？

党的十九届五中全会明确提出，推动绿色发展，促进人与自然和谐共生。"十四五"时期，我国生态文明建设要坚持以绿色发展理念为引领，拓展生态产品价值实现通道，走产业生态化、生态产业化协同的绿色发展之路，建立健全生态经济体系，促进经济高质量发展，努力建设人与自然和谐共生的现代化。

以产业生态化推动绿色发展。产业生态化是指遵循自然生态有机循环机理，以自然系统承载能力为准绳，对区域内产业系统、自然系统和社会系统进行统筹优化，通过改进生产方式、优化产业结构、转变消费方式等途径，加快推动绿色低碳发展，持续改善环境质量，提升生态系统质量和稳定性，全面提高资源利用效率，促进人与自然和谐共生。

完善生态文明制度体系，强化制度的实施刚性。生态环境保护和经济发展从根本上讲是有机统一的，要完善经济社会发展考核评价体系，把资源消耗、环境损害、生态效益等能够体现生态文明建设状况的指标纳入其中并合理设置权重，使之成为推动产业生态化的指挥棒和硬约束。要不断完善和强化制度的实施刚性。一是重点对"无法可依、有法不依、违法不究、执法不严"等现象查漏补缺，加快形成系统完整的制度体系，推进生态治理现代化；二是强化制度实施刚性，构建长效监管机制，杜绝生态环保领域"违法者成本过低，守法者成本过高"现象。

增强企业环保责任意识，推广循环经济模式。循环经济是协调经济与环境发展的最佳经济发展模式，企业作为循环经济的实施主体，应当履行起相应的环境责任。企业在追求经济效益的同时，必须兼顾生态效益和社会效益，通过外部政策支持和内生动力培育，积极推广并参与到循环经济发展模式之中。产业园是循环经济实现产业生态化的重要载体，也就是在一定区域内，由若干个行业、企业与当地自然、社会系统组成的"经济—自然—社会"复合生态系统，在企业内部的生产流程中、产业园区上下游企业之间，对生产过程中产生的废弃物进行合理化选择和资源化利用，实现污染物减量排放和资源循环使用，变废为宝，把"垃圾"变成"放错地方的资源"，这样既能加快转变生产方式，又可以带来实实在在的经济效益。

提升社会公众环保意识，促进消费方式转变。随着生活水平不断提高，人们在消费过程中产生的废弃物日益增多，从而对生态环境带来较大威胁。生态环境与每个人都息息相关，是典型的"公共物品"，保护好生态环境是每个人的共同责任和普遍义务。

要通过媒体宣传、舆论监督、典型示范、奖惩机制等多种途径，努力提升社会公众的环保意识，按照"人人参与、人人尽力、人人享有"的原则，鼓励社会公众主动参与生态文明建设，以"勤俭节约、低碳绿色、文明健康"为导向，在全社会倡导转变消费方式，从小事和身边事做起，在衣、食、住、行等各个领域都尽量做到"绿色化"。

以生态产业化推动绿色发展。生态产业化是恪守自然生态系统承载能力，按照产业化规律推进生态文明建设，促进生态资源在实现其经济价值的同时，也能更好体现其生态价值和社会价值，目的在于促进生态资源的保值增值和生态经济的良性发展。推动生态产业化发展，关键是要立足生态优势，更好发挥市场作用，持续把"生态+"理念融入产业发展之中，因地制宜选准绿色产业发展方向，多措并举促进生态产品价值实现，因地制宜选准绿色产业发展方向。从目前国内外的绿色产业体系发展实践看，已经形成了包括生态农业、乡村休闲、循环制造、绿色金融等在内的诸多模式，广泛涵盖一、二、三产业。在学习借鉴和推广运用过程中，应秉持因地制宜原则，选准绿色产业发展方向。比如，立足良好的生态环境优势，大力发展生态农业，开发具有地方特色和比较优势的绿色有机农产品，同时强化农产品品牌建设，推进现代农业"三产融合"发展，通过做好"靠山吃山、靠水吃水"文章，有效延伸拓展产业链条和利润来源，不断提高良好生态环境的含金量和附加值。在提高经济发展质量的同时，改善人民生活水平，实现经济与生态共赢、发展与富民同步，从而更好地将"绿水青山"转化为"金山银山"。

多措并举促进生态产品价值实现。加大体制机制创新的力度、广度和深度，充分发挥好市场在资源配置中的决定性作用，更好发挥政府作用，推动有效市场与有为政府更好结合，鼓励各类市场主体通过多样化的交易活动，促进生态产品价值实现。比如，在全国一些生态产品价值实现机制试点的城市中，他们利用大数据打造生态资源资产"一张图"信息管理平台，能随时掌握区域内生态资源资产的动态变化情况，并通过综合考虑生态产品类型、生态保护与产品开发成本、市场需求等因素，科学构建了生态产品价值核算体系。一方面，采取租赁、托管等多种方式收储和流转零散的生态资源，促进资源集约化和规模化。另一方面，将创新形成的优质生态资源资产包引入金融资本，借助信息管理平台开展抵押贷款和流转交易活动，为做大做强生态产业提供金融支持，形成了"资源收储、资本赋能、市场化运作"的完整闭环，打通了"资源—资产—资本—资金"的生态产业化转化通道。

产业生态化立足产业与生态的融合发展，促进经济效益与生态效益、社会效益的有机统一。生态产业化则立足区域的生态资源优势，把生态优势转化为经济优势。因此，走产业生态化与生态产业化协同发展之路，必须处理好经济发展与环境保护之间的关系，着眼长远发展而不破坏生态平衡，着手价值转化而非单纯保护生态，让生态环境蕴含的生态价值、经济价值和社会价值更加充分彰显出来，更好满足人民群众日益增长的美好生活需要。

（作者：刘　勇）

如何有效推进国家植物园体系建设？

生物多样性是人类赖以生存的条件，是经济社会可持续发展的基础，是生态安全和粮食安全的保障；而植物园则是生物多样性保护的主力军。2022年1月4日，随着国务院批复同意在北京设立国家植物园，标志着加快构建以国家公园为主体的自然保护地体系，对野生植物的就地保护迈出重要步伐。因此，国家植物园需要重新审视自身的工作重点和发展战略，以及全球生态系统变化对植物园的角色和功能提出的新要求，通过协同联合，真正担负起有效保护本土植物的重任，开展广泛参与且有针对性的环境教育活动，推广可持续发展理念，为落实生物多样性保护贡献力量。同时，通过系统规范国家植物园相关制度，开启国家植物园体系构建，为国家植物园建设与运行铺设法治轨道。

一、开启国家植物园体系建设是生态文明建设的必然选择

我国是世界上野生植物种类最多的国家之一，在3.6万多种

高等植物中1.7万种是我国所特有的。在悠久的历史长河中，各民族衣食住行都依赖植物，积累了极其丰富的与植物相关的传统知识和文化。但是，与国际现代植物园近500年的发展历史相比，我国现代意义上的植物园历史短，仅有100多年的历史，大规模资助建设的现代植物园仅始于20世纪50年代，与国际现代植物园相比还存在一定差距。具体归纳为：一是植物园管理存在泛公园化现象。长期以来，由于植物迁地保护缺乏国家层面的整体规划和迁地保护协调机制以及科学统一的部署，制约了植物多样性迁地保护在实际发展层面上的实施，不能充分满足和支撑我国生态文明建设的需要。二是植物园活植物收集和迁地保育管理明显不足。虽然我国近年来在活植物资源发掘利用方面成绩显著，但是，在活植物收集和信息记录不全、缺乏植物引种收集和迁地保育管理规范，对活植物的引种收集、维护监测、信息记录与数据管理、保护遗传学在植物迁地保育中的应用、珍稀濒危植物保护和野外回归等方面存在明显缺失，制约了引种驯化和迁地栽培植物的科学价值，未形成我国活植物收集的科学研究特色。三是公众教育与知识传播多停留于宣传层面，具体内容及方式相对单一，科研科普研学标准体系尚缺，急需构建和实施与国际接轨的教育课程体系。国家植物园作为一类特殊的自然、生物多样性保护地，其本质特征在于公有、公管、公益、公享，具有鲜明的"国家"属性。因此，开启国家植物园体系建设，是一种国际通行的自然资源、生物多样性保护方式，也将带来自然资源、生物多样性保护理念以及配置模式和管理体制的全面革新，是我国生态文明建设的现实需要。

二、国家植物园体系建设是保护植物种源的现实需要

国家植物园是一个国家植物资源最丰富、植物分带最清晰、立体生态系统最完整、功能区划最完备的植物园，是衡量一个国家生物多样性保护水平的重要指标。中共中央办公厅、国务院办公厅印发《关于进一步加强生物多样性保护的意见》明确提出，优化建设动植物园等各级各类抢救性迁地保护设施，填补重要区域和重要物种保护空缺，完善生物资源迁地保存繁育体系。近年来，由于栖息地丧失、生境破碎化、资源过度利用、外来物种入侵、环境污染和气候变化等外部因素，以及植物自身繁育障碍，我国有3800余种植物被列入受威胁物种清单。从"植物园"升级到"国家植物园"，带来的系统化更新是植物物种收集与保存理念、规划配置、管理体制的全面变革，不仅是名称的变更和面积的拓展。国家植物园是我国生物多样性保护的重要力量，是植物迁地保护的基地，与以国家公园为主体的自然保护地体系（就地保护）形成完美互补。就地保护、迁地保护是保护野生植物资源的重要措施。一般情况下，当物种种群数量极低，或物种原有生存环境被破坏甚至不复存在时，迁地保护就成为保护物种的重要手段。我国现有植物园（树木园）近200个，迁地保护植物有2.3

万余种，占本土植物种类的60%。长期以来，植物园在维护植物多样性等方面发挥了积极作用。鉴于此，开启国家植物园体系建设，是在充分整合利用现有植物园资源的基础上，综合考虑我国气候带与典型植被区划特点、生物多样性热点地区、现有植物园综合实力等因素，科学合理规划国家植物园空间布局，采取整合与新建相结合的方式，稳步构建以代表典型气候带和典型植被特征区域国家植物园为主体的国家植物园体系，逐步实现我国85%以上的野生本土植物、全部重点保护野生植物种类得到迁地保护的目标。此外，在建设好国家植物园的同时，还需要推进相关工作，完善相关法律法规、促进科技支撑、健全管理体制等，加强野生植物的就地保护，促进就地保护与迁地保护的协同，使更多的濒危物种摆脱灭绝危险，保障生态安全，推动生态文明建设不断进步。

三、稳步推进国家植物园体系创新发展的实现路径

我国野生植物保护条例规定对野生植物进行分级分类保护，国家植物园体系建设有必要在此基础上进行优化和完善。首先，加强野生植物资源本底调查。要弄清"有什么""怎么样""在哪里"。近年来，随着我国经济快速发展，生态环境变化很大，特别是土地利用变化、外来物种入侵等因素已使许多物种生存受到威胁，对物种数量、分布和资源蕴藏量的重要变化知之甚

少，其"家底"数据大多仍是20世纪六七十年代甚至更早的调查结果，亟须对生物资源现状作进一步调查，为后续评估、预警、治理提供精准的科学依据。其次，有效推进对特殊区域内的植物保护。一方面要充分利用好我国野外站长期观测研究数据，进行精准分析、科学修复；另一方面要遵照物种选择——配置与分布地带性的类型与规模，确定科学的预研方案，以有效推进对特殊区域内的生态环境保护提供新的生态范式。最后，加速推进科学数据标准体系建设。植物园有别于纯粹的城市公园，承载着物种保育、科学研究、引种驯化、科学传播等重要功能。为此，建立全国植物迁地保护统一管理机制，目前已经势在必行。比如，在国内空白区域，如青藏高原寒带和寒温带地区新建一些植物园，形成完整的迁地保护网络，与就地保护体系一起，对本土物种全覆盖，以起到有效保护我国野生植物的目的。同时，加快推动新技术在实际场景下的应用，如人工智能的物种识别技术、生物多样性大数据深度挖掘技术，不断增强科技的供给能力，以更好地支撑我国生物多样性保护工作。

当前，我国正在建立以国家公园为主体的自然保护地体系，在此背景下，以国家公园为主体的自然保护地与国家植物园如何实现既在功能上有所区分又相互协调配合，如何推动国家植物园相关立法与正在研究制定的国家公园法、自然保护地法等有序衔接，值得进一步研究。为此，通过一系列科学有效的制度设计，无论是国家公园还是国家植物园，都将在未来迎来更大发展，在我国生物多样性保护中发挥更重要的作用。

（作者：沈　辉）

8 如何理解湿地公园建设的功能定位和应对之策？

党的十九大报告把"强化湿地保护和恢复"作为"实施重要生态系统保护和修复重大工程，优化生态安全屏障体系，构建生态廊道和生物多样性保护网络"的重要抓手。近年来，各地湿地公园建设取得重大进展，到 2020 年 3 月，经国家批准和试点建设的国家湿地公园已达 901 处，湿地公园建设已经成为湿地建设和开发、生态系统保护和修复的重要载体。但湿地公园建设也进入瓶颈期，需要我们厘清其功能定位，以期在保护中发展、在发展中保护。

湿地公园是人与自然和谐共生的重要载体。湿地是地球上介于水生和陆生生态系统之间的一种独特的水文、土壤、植被、生物特征的过渡性生态系统。在涵养水源、调节水量、降解污染、促淤造陆、净化生态、美化环境等方面具有重要作用，素有"地球之肾""储碳库""物种基因库"等美称。湿地公园是美丽中国建设的独特一环，集湿地保护、生态恢复、休闲游览、科普科研等功能于一身，是自然保护体系的重要组成部分。

湿地公园承载着三重功能：其一，生态保护和建设功能。湿地公园具有"渗、滞、蓄、净"等水土保持功能，像海绵一样涵养水体、维护生态安全、维系生物多样性，以及降解人类消费物。其二，经济发展功能。作为良好的自然生态系统，湿地公园对人类社会的物质生产有着直接或间接、有形和无形、可量化和不可量化的经济效益和价值功能。其三，文化教育功能。湿地公园因其自身具有美学价值，可以通过设立文化美育基地来提升人类的人文素养，实现生态美与心灵美的"美美与共"。这三重功能表明，湿地公园建设需要树立系统治理思维，既要认识其生态功能的基础性和先在性，也要观照湿地对人的经济价值和文化价值，这样才能实现生态、经济、文化等功能的协同发力，实现人与湿地的和谐共生，走好湿地保护与利用双赢的可持续发展之路。

国家湿地公园面临的新问题。从现实情形看，国家湿地公园存在资金投入不足、基础设施建设不完善、湿地景观资源开发程度不高等困境，并衍生了湿地水质污染、知名度不高等问题。

首先，湿地保护与开发建设失衡。在现实中，湿地开发过度而保护不足。由于湿地的建设资金主要来源于财政拨款，单一的投资渠道与较大资金需求量之间形成突出矛盾，特别是由于湿地建设资金来源的不可持续，一方面造成一些湿地建设项目的滞后，另一方面又造成当地湿地公园主管部门过度开发湿地，比如，无限制发展湿地旅游业，这种粗放式开发湿地资源的涸泽而渔的做法，严重违反了湿地保护底线和建设初心。

其次，整体开发利用不当引发水体污染与物种单一性。一些湿地公园在建设时出于生态系统的整体性考虑，将附近的农村耕地一并规划在内，结果导致农村土地使用方向与湿地建设方向相冲突。农村用地由于种植业、水产养殖业、畜禽业等生产需要而产生的污水被排入湿地，造成湿地水体污染。再加之未能拦截的工业污水、湿地旅游产生的垃圾，都使湿地的自净功能严重退化。此外，由于盲目引进外来物种，使湿地的本土物种受到威胁，湿地物种单一性日渐凸显。例如，互花米草在我国沿海地区湿地的泛滥就是一个典型事例。

最后，建设水平低与品牌效应差并存。湿地公园建设面貌单一，缺乏当地的生态和人文特色。国内大多湿地公园只提供简单的游览休憩设施，很少开发有趣丰富的湿地旅游产品，不能满足游客的体验性、参与性的旅游需求。再者，由于当地政府对湿地公园的"生态旅游"形象不明晰、定位不准确，使湿地公园的开发建设游离于本地旅游产业之外，缺乏官方媒体、社会媒体的广泛宣传报道，湿地公园即使在本地居民当中也"少有耳闻"，在更大范围内产生品牌效应就难上加难。

这些问题从深层来看，主要涉及三个问题：一是缺乏系统思维和战略眼光，不能从生态系统的整体性角度来保护和开发湿地。二是没有解决好湿地建设"钱从哪里来、用到哪里去"的问题，不能在公益定位的基础上有效利用社会资本，使湿地建设实现可持续发展。三是没有守好生态建设的底线，特别是在解决湿地水体保护这一"湿地之灵魂"的问题上，出现了很大的偏差。

新时代国家湿地公园的突围与超越。国家湿地公园的建设该向何处去？只注重湿地原生态建设，或者只注重湿地的资源开发与经济效益，都是片面的。由于湿地的保护开发是一个系统工程，任何单一维度的建设，都不能打好这手牌，必须把生态保护、经济建设、文化品牌建设融合起来，同步打好这"三张牌"。

一方面，打好"生态牌"。保护生态系统是湿地公园建设的首要目标，是美丽中国建设的重要内容，也是展示各地生态建设成就的有力抓手，因此要抓好湿地公园的生态治理。一是生态优先。当生态效益与经济利益相冲突时，湿地公园建设应优先保障生态效益。二是适度干预。遵循"最小干预"原则，保持湿地原生态，不建亭台楼阁，不盲目引进危害生态食物链的外来物种，减少对湿地的人为破坏，使生态得到自然修复。三是有序开发。结合当地生态城市建设的实际，有序开发湿地资源，形成生态优先、有序开发的可持续发展格局。

另一方面，打好"经济牌"。湿地公园建设是公益性事业，需要注重生态效益，但由于维护湿地需要大量资金的投入，也需要讲经济效益，因此既不能无视生态效益的"涸泽而渔"，也不能舍弃经济效益的"缘木求鱼"，而是要实现生态保护与经济发展的融合互动、良性发展。一是采取多元融资、差异化建设的模式。在国家和当地政府项目资金支持的基础上，可按照"谁治理、谁受益"的原则，通过社会投资、公益捐助、门票收入、开发体验式旅游产品等办法，拓宽多元化的融资渠道。因此，国家湿地公园建设也应合理地开发各类生态资源，增强湿地公园的吸引力。二是留好"底牌"，确保不超过湿地生态资源的承载限度。以保护湿地生态资源为底线，合理控制湿地旅游、湿地体验项目的规模。对湿地公园生态保护的管理和宣传要落小落细，对破坏湿地资源的行为处罚要从重从严且起到重大警示意义。三是培育"生态养生"品牌。湿地公园是"天然氧吧"，应突出"生态养生"的经济价值，着力发展健康休闲、养生度假、民俗体验、环湖特色体育等新兴业态融合发展的湿地旅游养生产业。四是用足"乡村振兴战略"政策红利，统筹推进周边地区居民的乡村建设，积极吸纳转移劳动力参与湿地公园的特许经营活动，使当地百姓从吃"公家饭"向吃"生态饭"转变。

同时，打好"文化牌"。文化是人类共有的精神家园，湿地文化的挖掘是绿色发展的题中应有之义，也只有打造独具文化特色的湿地景观，才能实现湿地公园建设的"腾笼换鸟"和"换档提质"。一是探索"湿地＋教育"模式，积极传播湿地生态文化。例如，依托丰富的自然人文资源，积极开发和推广自然教育课程进学校、进企业、进社区。二是探索"湿地＋文化"模式。不同的地理、水文、气候孕育不同的湿地文化，要从尊重历史的前提出发，深入挖掘当地湿地文化资源，避免"千城一面"。比如，在社会文化打造上，收集有关历史传说、反映湿地文化的实物等，赋予湿地公园以历史文化元素，让游客置身其中"忆得起乡愁"。特别是不断开发湿地文化的深度体验项目，深入挖掘历史文化建设的成功案例，增强湿地公园对游客的吸引力。三是探索"湿地＋互联网"模式。利用互联网、大数据的现代科技成果，为游客提供"智慧化服务"。提升湿地生物文化的宣教功能，大力普及生态文化和湿地知识，使游客通过实地观摩、人与自然的交互性虚拟体验、户外科普的可视化活动、生物多样性数据采集与监测等，给游客上一堂生动的"自然生物课"，完成探索大自然的生态教育之旅。四是加强湿地的保护宣传。利用新媒体、融媒体平台，大力宣传和推广湿地公园的社会价值，在全社会和当地学校开展户外游学活动。在社会宣传方面，建设含有湿地景观元素的文化长廊、生态步道、生态文化公共设施等，举办环湖自行车赛、湿地文明行、湿地垃圾清理志愿活动等公益活动，提高公众对湿地公园的保护意识，在全社会营造爱护湿地、建设湿地的良好氛围。

（作者：王艳峰）

如何正确认识国家公园的"特区"意义？

"特区"一词大家并不陌生。改革开放之初，我国就在东南沿海设立了一批经济特区，其中以深圳特区最负盛名。然而，大家可能并不熟悉，在中国不仅有"经济特区"，还有正在提速推进的"生态特区"。国家公园是我国自然生态系统中最重要、自然景观最独特、自然遗产最精华、生物多样性最富集的区域，保护范围大，生态过程完整，具有全球价值和国家象征意义。国家公园品牌是生态优势转化为生态产品的重要载体，是绿水青山转化为金山银山的突破口和催化剂，将国家公园作为生态特区的"试验田"，实施"特别"治理，对加快推动生态空间治理体系和治理能力现代化，建设人与自然和谐共生的美丽中国具有重要意义。

一、国家公园是生态空间最重要的自然保护地实体单元

国家公园体系是经过系统规划后设立的若干国家公园实体单元组成并产生有机联系的集合。国家公园体制则是关于包括国家

公园体系在内的自然保护地体系的管理体制和运行机制，属于生产关系和上层建筑。自然保护地是公共利益的体现方式，如同公路、铁路、博物馆、广场一样，自然保护地也是绿色基础设施，是公共利益的体现，是国民经济和社会建设必不可少的生态空间和绿色屏障，在国家安全方面有基础性作用。国家公园、自然保护区、自然公园乃至整个自然保护地体系，都是重要的生态功能区，是生态空间的核心区，处于生态保护红线范围。国家公园是自然保护地体系的一部分，但不是一般部分，而是顶级的、核心的部分，是生态空间精华的精华、核心的核心。野生动植物是大自然馈赠给人类的生态珠宝，也是大自然遗存的生态根脉，国家公园是野生动植物最富集、生态系统功能最健全的生态空间，也是野生动植物最具安全保障的栖息之所。因此，国家公园称得上是国土空间中的生态明珠、绿色宝石。综合分析世界各国的国家公园发展现状，可明显发现国家公园的两个特征：其一，属于大自然遗存的生态系统，具有原始性、先天性，自然生态是基础，自然景观是内容，人工建筑设施只是辅助；其二，属于自然天成的景观资源，具有稀有性、不可替代性，地理生态的标识性意义和民族文化影响力极为深远。

二、加快以国家公园为主体的自然保护地体系建设

2017年，中共中央办公厅、国务院办公厅印发《建立国家

公园体制总体方案》，明确指出：国家公园是国家批准设立，边界清晰，以保护具有国家代表性的大面积自然生态系统为主要目的，实现自然资源科学保护和合理利用的特定陆地或海洋区域。可见，国家公园是国家批准设立的、实行特殊保护的生态空间。在这个特别的生态空间上，以"自然生态系统原真性、完整性保护为基础，以实现国家所有、全民共享、世代传承为目标，理顺管理体制，创新运营机制，健全法治保障，强化监督管理，构建统一规范高效的中国特色国家公园体制"。在《建立国家公园体制总体方案》印发之前，国家发展改革委、中央编办、财政部、国土部、环保部、住建部、水利部、农业部、林业局、旅游局、文物局、海洋局、法制办 13 个部门，曾于 2015 年联合印发《建立国家公园体制试点方案》，已锁定了国家公园试点目标：在试点区域国家级自然保护区、国家级风景名胜区、世界文化自然遗产、国家森林公园、国家地质公园等交叉重叠、多头管理的碎片化问题得到基本解决，形成统一、规范、高效的管理体制和资金保障机制，自然资源资产产权归属更加明确，统筹保护和利用取得重要成效，形成可复制、可推广的保护管理模式。也就是说，推行国家公园体制的本质就是设立生态特区，国家公园就是生态空间治理体系中的特别治理区也是试验区，要实行特别的治理结构、治理机制和治理手段。新一轮机构改革后，国家公园与自然保护区管理职责统一划归国家林业和草原局，并在国家林业和草原局加挂国家公园管理局牌子，相当于已经明确了生态特区的顶层管理机构。建立国家公园体制应在现有基础上继承创新。新的体制必须体现"保护最有效、成效最好、成本最小",这就意味着自然保护体制不是推倒重来,而是继承和创新,继承自1956年我国建立的第一个鼎湖山国家级自然保护区60多年来的经验,改革不合时宜的弊端,完善机制体制。

三、生态特区保护既需要"边界治理"也需要"鸿沟管理"

与经济特区不同,生态特区是人类经济社会活动之外的先天的自然生态系统。可以说,生态特区就是政策设定的"无人区"。生态特区之"特",主要体现在其生态系统上,具有两大特征:一是自然性、系统性,就是自然生态系统;二是能够自组织、自运作,就是"生态机制"。生态系统和生态机制,人类都需要尊重、学习和模仿。人类力量强大,能够轻易地伤害自然生态系统,损害"生态机制"。而生态特区——国家公园的治理目标,本质上就是防止人类力量对自然生态系统的伤害,维护自然生态系统原始的自组织、自运作机制。从这个意义上来说,生态特区——国家公园治理,其核心就是在人类经济社会活动与自然生态系统之间划出"鸿沟","拒止人类力量侵犯"生态特区,"拦阻人类活动进入"生态特区。生态特区——国家公园边界内外、鸿沟内外,属于两个世界、两套机制,对生态特区施行"边界治理""鸿沟管理",就是要拒止、拦阻人类活动跨越鸿沟、越过边界。生态特区管理机构在"边界""鸿沟"设置管护站——生态哨所，派驻管护人员——生态哨兵。生态哨兵作为生态特区的一线力量，其技能水平直接反映了生态特区的治理能力。同时，山水林田湖草沙是一个生命共同体，人不能自外于这一自然共同体。国家公园强调生态体系的整体性保护，而人是保护行动的主体和承担者。国家公园不是把人类与自然进行简单化地物理隔离，而是构建新型分类体系，按照科学的要求，创新治理方式，这也是建设美丽中国、公园国家的内在要求。

四、以生态文明与可持续发展推动国家公园建设

经过60多年的建设，全国已设立各类自然保护区2750个，涵盖15%的国土空间，其中国家级自然保护区469个。按照《中华人民共和国自然保护区条例》，自然保护区是指对有代表性的自然生态系统、珍稀濒危野生动植物物种的天然集中分布区、有特殊意义的自然遗迹等保护对象所在的陆地、陆地水体或者海域，依法划出一定面积予以特殊保护和管理的区域。由此可见，自然保护区原本就是法律上予以特殊保护和管理的"生态特区"。国家公园是精华版的国家级自然保护区，升级版的国家级自然保护区，是比国家级自然保护区保护级别更高、保护措施更严格的"生态特区"。2017年，国家启动三江源、东北虎豹、大熊猫、祁连山、武夷山、神农架、钱江源、南山、普达措、海南热带雨林

10个国家公园的试点工作。同时，尽管长期以来我国已经建立了上万个自然保护地，面积占国土面积的18%左右，但种种问题的存在，影响了生态服务功能发挥，难以提供生态安全保障。因此亟待我们用改革的思路解决这些问题，通过制度创新，完善自然保护体系。需要注意的是，建立国家公园体制是一个重要改革举措，需要从国家公园单元、国家公园体系、国家公园体制不同层次明确目标，使国家公园生态特区试验田的建设治理有法可依、遵法而行。

总之，生物多样性是人类生存发展的基础，建立各类保护地是就地保护生物多样性的重要形式。以国家公园为主体的自然保护地体系是生态建设的核心载体，是中华民族的宝贵财富、美丽中国的重要象征，具有全民性、公益性、共享性。建设生态文明是中华民族永续发展的千年大计，我们要有传之万世的意识，在重视生态保育、确保子孙后代永续利用的大局观、未来观之下，合理地科学研究、普及教育、体验分享，不仅需要"经济特区"开路，也需要"生态特区"殿后，实现绿水青山对子孙后代的代际共享。

（作者：党双忍）

如何有效推进生态环境风险防范下的国土空间规划?

伴随着经济的高速发展与城市化进程推进的加快,我国现有的风险管理体系难以满足生态环境风险防范的要求,构建生态环境风险防范体系,是我国生态文明建设的需求,也是提升国家治理能力的重要体现。

所谓"生态环境风险",是指因自然因素或人类活动所导致的能源枯竭、物种多样性降低、生态系统退化和环境污染,而给人类未来的生活和生产造成短期灾害或者长期不利影响,甚至危及人类未来生存和发展的一种可能性。

未来的一段时间内,我国仍将处于经济增速换挡期、结构调整阵痛期以及工业化、城市化、自然资源利用持续增长、社会转型等叠加阶段。这一阶段也将是社会经济发展与环境保护的胶着期,严峻的生态环境风险形势将继续存在,是我国未来经济社会可持续发展的重大制约因素。生态文明建设过程中必然伴随着人与自然矛盾激化而产生的各种生态环境风险。从某种意义上看,生态文明建设所倡导的理念与防范生态环境风险的目标是一致的。

2018年的机构改革，以原国土资源部为基底，整合相关部门的规划职能、资源管理等职能，成立了自然资源部，行使国土空间规划编制，并实施监督职责以及所有国土空间用途管制职责，对山水林田湖草沙等自然资源进行集中管理。新时代国土空间规划作为空间发展的基础，是国家推进生态文明建设、全面统筹经济社会发展、合理高效配置资源、协调发展与保护问题的重要手段。

目前，我国国土空间规划的主要内容是落实国家安全战略和主体功能战略，实现多目标融合，划定城镇、农业、生态空间以及生态保护红线、永久基本农田、城镇开发边界（简称"三区三线"），优化城镇化格局、农业生产格局和生态保护格局，注重开发强度管控和主要控制线落地，统筹各类空间性规划，形成国土空间开发、保护、利用、修复的空间格局，实现国土空间开发保护一张图。

国土空间规划融合生态环境风险防范的要求，关键在于强化生态环境保护的先导性、约束性。在国土空间规划划定的空间范围内附以生态环境资源现状属性，决定国土空间的用途管制，制定生态安全、环境质量和资源消耗的管控要求，并将其作为生态环境管控的重要依据。对生态空间、城镇空间、农业空间内的生态红线保护、产业准入、污染排放、资源消耗等行为设置合理的准入管控要求，使其成为生态环境风险防范的重要抓手。风险源与生态环境风险受体是生态环境风险的两个重要因素，是突发性生态环境事件和累积性生态环境事件发生的两个必要条件。在有限的空间范围内，风险源与生态环境敏感受体的空间关系决定了生态环境风险发生的概率。突发性生态环境事件与累积性生态环境事件均可以通过空间规划划定"三区三线"和对各类空间的用途进行管制，减弱布局类的生态环境事件的发生概率抑或是规避此类生态环境事件的发生。

通过规划编制优化风险源与生态环境受体的布局，以减少突发性生态环境事件的发生概率；以环境质量改善为核心，围绕生态安全和资源消耗的角度，对空间用途进行科学有效的管制，减缓或避免累积性生态环境事件的发生。同时，空间规划应衔接生态保护目标、环境质量控制线和资源消耗"天花板"，设置严格的生态环境准入要求，并将其作为在空间规划实施过程中的重要空间约束，以对各类区域空间落实生态环境管控的要求，防范生态环境风险。空间规划将资源承载能力和环境容量作为战略决策的依据和规划编制的前提条件，通过资源环境条件前置引导和约束空间规划的编制与实施，以空间规划倒逼发展转型，实现人与自然和谐共生。

国土空间分区划分衔接环境管控单元划分，以实现国土空间用途管制和生态环境准入约束管理工作的协调配合，增强空间规划的环境合理性和协调性。制定生态环境准入政策时，结合空间规划，以各区域的发展目标与定位为指引，提出切实可行的管控要求，使环境保护与区域发展相协调，促进环境管控措施和生态环境风险防范措施的落地。

建立国土空间规划体系是一项具有根本性、全局性、长远性的工作，需要坚持以问题导向和目标导向为原则，立足当前、面向未来，统筹谋划。同样，系统构建事前严防、事中严管、事后处置的全过程、多层级风险防范体系也是一项需要逐步完善的工作。为使国土空间规划融合生态环境风险防范的机制更加完善、国土空间治理能力得到进一步提高，提出如下政策建议。

一是健全完善空间规划相关的法律法规体系，强化顶层设计，建议在国土空间规划基本法的总则部分明确在编制国土空间规划的过程中确立环境优先、生态安全的原则，将对生态环境风险的防范作为国土空间规划的基本考虑，明确生态环境风险防范在国土空间相关法律中的地位。二是建立统筹协调的部门管理机制。明确建立跨部门协同管理的机制体制，打破部门行政壁垒，自然资源部、生态环境部牵头，联合农业农村部、国家林业和草原局等相关部委，成立统一的、分工明确的管理机构体系，发挥生态环境风险防范体系的作用。三是建立完善的监督机制。明确监督反馈对国土空间规划的重要作用和地位，构建基于空间管控的生态环境风险防范的保障机制，将公众参与、开设线上及线下等多渠道公众监督平台，建立高效监督反馈机制，提升公众监督的效能作为各项管控工作的重要保障措施，促进相关工作有序进行。四是明确法律法规之间的关系，明确出台的国土空间规划相关的法律、条例、技术导则和技术指南之间的关系和地位，强化之间的衔接，通过"三区三线"划定，建立基于空间规划体系的生态环境风险防范机制。

（作者：徐　鹤）

如何有效推动生物多样性保护?

保护生物多样性是衡量一个国家生态文明水平和可持续发展能力的重要标志。我国具有极其丰富的生物多样性,生物区系组成独特,特有种类十分丰富。据《中国生物物种名录2020版》记载,我国现有122280个物种,包括54359个动物物种、37793个植物物种、12506个真菌物种以及细菌、病毒等物种,是世界上生物多样性最为丰富的国家之一,物种数量多,特有种比例高。近年来,虽然我国生物多样性保护取得了积极进展,但国内生物多样性下降的总体趋势仍未得到有效遏制,生物多样性保护任重道远。为此,"十四五"时期,应通过加强生物多样性研究和实施生态保护工程等措施促进生态系统的有效修复和保护,为保护生物多样性设定既具雄心又能实现的目标,在保护自然的同时保障人类福祉。

厘清生物资源现状,加强生物资源本底调查。作为最大的发展中国家,在面临着发展经济、改善民生、乡村振兴、治理污染等一系列艰巨任务的同时,如何进一步做好新时代的生物多样性保护工作，是迫切需要回答的问题。做好生物多样性保护工作，首先，要弄清"有什么""怎么样""在哪里"。我国生物资源相对丰富，但其"家底"数据大多仍是20世纪六七十年代甚至是更早的调查结果。近年来，随着我国经济快速发展，生态环境变化很大，特别是土地利用变化、外来物种入侵等因素已使许多物种生存受到威胁，但我们对物种数量、分布和资源蕴藏量的重要变化知之甚少，因此急需对生物资源现状进一步调查，为后续评估、预警、治理提供科学依据。其次，鉴于目前国内一些关键地区的现状，必须由专业化的调查队，通过专项经费保障对这些区域的生物多样性及生态系统类型进行全面调查。比如，喜马拉雅山南坡、高黎贡山等是目前战略生物资源收集的薄弱甚至空白地区，查清此类地区的生物多样性家底，可为跨境生态安全屏障保护和"一带一路"区域生态文明建设提供基础数据。

尊重自然规律，有效推进对特殊区域内的生态环境保护。生物多样性在不同地质时期的时空格局受到了地球环境变化的深刻影响，同时又在地球环境的演化过程中发挥了巨大作用。适度的人工干预来修复被破坏的草地、森林，促使植被的自然恢复是生态建设的重要途径。然而，在一些生态工程建设中，物种选择、配置、密度控制等缺乏科学依据，往往习惯采取高密度栽植，且品种单一，这导致植被建设初期呈现一片绿色景观，但随着土壤水分条件恶化、地下水位下降或病虫害攻击，植被大面积死亡、生态退化，以致出现沙化现象。近年来，一些地区在生态修复工程建设中缺乏对本区域内的科学预研，比如，河北坝上地区和宁夏防护林建设区发生的杨树大面积死亡，以及科尔沁沙地大量种植樟子松和杨树等乔木树种后，土壤6米深度以内的水分含量下降了30%以上，这些现象必须引起我们的警觉。为此，生态工程实施要以不突破本区域的水资源有效承载阈值为前提，一方面要充分利用好我国野外站长期观测研究数据，进行精准分析科学修复；另一方面要遵照物种选择——配置与分布地带性的类型与规模，确定科学的预研方案，为有效推进特殊区域内的生态环境保护提供新的生态范式。

规范行业领域标准，加速推进科学数据标准体系建设。随着科技进步和研究的深入，一些标准规范需要及时改进优化。比如，在沙区生态建设方面，目前依然沿用的是2007年发布的《防沙治沙技术规范》国家标准，就目前来说，早已不能满足现实的需求。为此，一方面，以培育并完善数据要素领域标准化体系为总体目标，整合数据资源，统筹产业规划，破除数据孤岛，强化应用服务，以保障数据要素标准化工作目标清晰、技术可行、结果可见的体系化推进。另一方面，要加强以需求为导向的标准研究，从行业领域的需求出发，保障数据要素标准化工作发挥出实际价值。但是，目前行业标准制定在一定程度上存在程序烦琐、信息不透明，甚至被一些学会所"垄断"，这打击了科研人员申报行业标准研究的积极性，造成一些领域没有标准规范。比如，生物多样性网络化监测可以较系统地掌握监测对象生物多样性变化的总体格局，然而国内在生物多样性监测数据方面尚无统一的标准规范，监测数据不能联网共享，这就导致难以实现生物多样性信息的融合、集成和深度分析。基于此，相关行业部门应及时梳理更新相关技术规范，打破行业部门间壁垒，加速推进科学数据标准化建设。同时，依托国家战略科技力量，探索建立完善的科学数据汇交、分享体系，促进大数据科研范式下重大生物多样性成果的产出，强化并提升大数据分析水平，以更好地服务生物多样性保护工作。

加强新技术运用，不断完善迁地保护体系的顶层设计。生物多样性的未知潜力为人类的生存与发展展示了不可估量的美好前景。一些生物多样性科学的关键点比如物种濒危理论和自然种群恢复方面，还存在许多空白，迁地保护理论与技术亟待提升。尽管我国围绕珍稀濒危物种保护开展了大量工作，但迄今为止，真正实现迁地保护的物种仍十分有限。植物园是我国生物多样性保护的重要力量，是植物迁地保护的基地，与以国家公园为主体的自然保护地体系（就地保护）形成完美互补。植物园有别于纯粹的城市公园，承载着物种保育、科学研究、引种驯化、科学传播等重要功能。长期以来，我国植物迁地保护缺乏国家层面的整体规划和统一部署，缺乏科学统一的迁地保护协调机制，这制约了我国植物多样性迁地保护国家战略的实施，致使我国植物园建设管理泛公园化现象普遍，不能充分地支撑我国生态文明建设的需要。为此，建立全国植物迁地保护统一管理机制，目前已经势在必行。比如，在国内空白区域，如青藏高原寒带和寒温带地区新建一些植物园，形成完整的迁地保护网络，与就地保护体系一起，对本土物种全覆盖，以起到有效保护我国野生植物的作用。同时，加快推动新技术在实际场景下的应用，如人工智能的物种识别技术、生物多样性大数据深度挖掘技术，不断增强科技的供给能力，以更好地支撑我国生物多样性保护工作。

保护生态环境是全球面临的共同挑战和共同责任。联合国《生物多样性公约》缔约方大会第十五次会议（COP15）于2021年10月11日在昆明开幕。COP15是联合国首次以生态文明为主题召开的全球性会议，为全球生物多样性保护制定新目标，对世界和我国都意义重大。10月13日通过的"昆明宣言"，是中国作为大会东道国，在全球生物多样性保护上展现领导力的产物，也是向国际社会发出遏制生物多样性丧失的强烈政治信号，必将对全球生物多样性保护和可持续发展产生深刻的正向影响，为实现人与自然和谐共生的人类命运共同体贡献中国智慧和中国力量。

（作者：杨　明）

如何构建和完善生态环境风险防范体系?

　　生态环境安全作为国家安全的重要组成部分，是经济社会可持续健康发展的重要保障。认真做好各项防范工作，完善风险防范体系，对于解决生态环境问题、规避生态环境风险具有重要的意义。

　　构建和完善生态环境风险评估与论证体系。生态风险评估与论证是防范生态风险的重中之重，也是未来工业化体系转向的前置性课题，优化生态风险评估制度势在必行。根据国际环境专家对生态周期的推算，未来的工业化体系将会有两种趋向：一种是工业化体系继续向分裂瓦解的方向发展，直到它面临无法挽回的破坏和崩溃为止；另一种是全球体系重新整合自身，发展成为一种新型的、可持续的体系。由此可见，生态治理必须有前控性的风险评估机制来支撑生态治理，维护和重建生态系统的统一、生物多样性和恢复能力，使生态风险降至最低点。风险论证是防范环境风险的重要环节，必须遵循生态风险的形成逻辑与治理逻辑。推行国家战略应该构建生态风险治理框架，遵循计划、问题形成及分析、风险表征和风险管理组成问题导向方法论，提升环境风险政策的治理效能。完善的生态评估和充分的事前论证，一方面有利于地方政府对生态治理中的各项风险有充分的消解举措，更有利于降低未知的自然资源生态风险，减少治污成本。另一方面，科学有效的生态环境风险论证与评估，不仅能降低生态环境风险发生的概率，又能减少生态事故的隐患。

构建和完善生态环境风险监管与监测体系。线下监管与线上监测是防范生态风险的两驾马车。有效的生态监管是提升现有生态资源存量、减少生态风险周期发生率的关键抓手。逆转环境退化步伐的关键在于监管有效，使人类活动尽量遵循资源再生的规律，即遵循可再生资源的消耗速度不能高于资源的再生速度；遵循不可再生资源的消耗不能超过将可再生资源作为替代品需要的时间；遵循污染物的排放速度不能超过对其回收、吸收以及转化成无害物质的速度。守住生态风险的底线，必须真正贯彻、提升生态治理的制度效能，建立健全生态环境责任清单制度，强化生态环境保护主体责任。实行自然资源资产离任审计结果的宣传制度与曝光平台，开展领导干部自然资源资产离任审计的方案，审计结果向大众公开，有利于群众对生态资源的使用情况辨别真伪，有的放矢地监督资源资产的存量。同时，线上智能监测是利用大数据治理生态风险的重要手段。要善于提高智能监管的效益，把全国一盘棋的生态治理思想贯彻到风险制度体系中。基于对陆、海、空生态环境风险信息预警的紧迫性，重点推进全国共享的生态环境信息平台建设，实现生态环境监测数据的统一化，披露生态环境风险信息及风险源的动态监测结果，推进生态环境风险防控工作的网格化水平，提升风险治理的应急处置能力。

构建和完善生态环境风险评价与惩戒体系。科学的风险评价体系与公平的追责机制是防范生态风险的防火墙。风险评价指标既要注重经济效益，又要保障生态权益。风险评价必须全盘考虑有限资源保护与开发的临界点，对治理者政绩进行合理性界定，并终身追责资源的破坏者，对代际资源存留敬畏之心，孕育新的生态资源生长点。既要有所为，又要有所不为，才能实现生态效益的潜在增长，防范不作为、脱责现象发生，杜绝贻误发展时机的思路与做法。同时，强化生态失范行为的惩戒机制，要注意区分破坏生态的阶段性主体责任，严肃追责对造成生态环境损害的干部，实现生态追责的公平正义。发扬"前人栽树、后人乘凉"的奉献精神，更要杜绝以"集体行动逻辑"推卸生态责任的不良做法。为防范终身追责机制的虚设，政府部门应加强生态事件的问责曝光与宣传，提高惩戒的影响力，增强人们对生态保护的信心，才能保证生态风险事故率的降低。另外，要健全生态损害赔偿制度，保障受害者的权益。

（作者：卓成霞）

如何在重点领域和关键环节对外来入侵物种全链条防治?

近年来,我国外来入侵物种数量呈上升趋势,是世界上遭受外来入侵物种威胁最大、损失最为严重的国家之一。党的二十大报告明确指出,加强生物安全管理,防治外来物种侵害。这一论断再次重申治理外来入侵物种是维护我国生物安全的重要举措。党的十八大以来,我国高度重视外来入侵物种防治,在风险评估与监测预警体系建设、智能检测与快速识别技术、综合防治与应急处置方案、防治技术田间应用示范等方面取得一系列成果。尽管相关工作取得了阶段性进展,但仍存在入侵风险大、彻底治理难、长效机制不健全等问题。一方面,我国对外来入侵物种研究起步较晚,在各环节平台体系搭建、生物多样性功能应用、防治技术产业化、标准规范体系建设等方面存在短板。另一方面,网购潮、宠物热、不规范放生等行为使外来物种的入侵途径更加多样化、复杂化,具有更强的隐蔽性,给有效治理造成了极大挑战。因此,防治外来入侵物种是一项长期任务,需要突出重点领域和关键环节,坚持风险预防、源头管控、综合治理、协同配合、公众参与，全链条多方发力，加快织密防控网。

强化源头施策，落实外来入侵物种普查。近年来，随着国际商贸往来的日益频繁，外来入侵物种带给我国的风险加大，同时我国生态系统和气候类型多样，外来入侵物种容易定殖和扩散蔓延，一旦得不到有效防控而形成定殖阶段，治理难度必将加大。因此，防范增量、治理存量必须要严格落实源头管控，及时开展全面普查工作。一方面，严把国门，在引种管理、口岸防控、境内调运检疫、边境跟踪评估等环节加大监管力度，坚决打击非法携带、寄送、走私等违法行为，对于合法引进的严格落实审批检疫程序。同时，细化引进物种全过程管理流程，防止逃逸扩散，完善外来物种入侵突发事件应急预案。另一方面，加快推进外来入侵物种普查进程，目前全国各地已经启动普查工作，要尽快建立覆盖全国的信息台账，摸清外来入侵物种规模数量、分布范围、危害程度等底数，根据物种发生情况实行名录调整更新。同时，针对重点区域开展重点调查，形成长期性、系统性风险预警监测数据库。

加强科学认知，提高防治技术水平。探索形成安全高效、经济可行的综合治理模式，着力解决已传入我国并发生危害的外来入侵物种综合防治共性和关键技术难题，须强化科技支撑，改善技术手段，为做好外来入侵物种防治提供技术支撑。一是要夯实科研基础，加强物种防治技术攻关，根据物种检验、监测、检疫、处置各环节特点不断进行认知技术更新迭代，以绿色防治产品研发为重点，积极利用大数据、人工智能技术加快创新基地建设。二是推动跨学科知识技术融合，鼓励搭建科研协同平台，有效整合化学、物理、生物、生态环境等各学科技术应用成果，促进科研资源充分利用。三是加强国际交流，尤其是与邻国之间的沟通合作，外来物种入侵的影响范围广、流动性强、扩张速度快，有必要构建多国协作体系，持续推动实现信息共享、科学技术交流、治理经验借鉴等方面的国际合作。

实行一种一策，优化生物综合治理模式。外来入侵物种具有广泛的适应性和显著的遗传优势，其生物特性和对生态系统的复杂影响要求防治方案要科学统筹、精准有效。一是分类别、分物种制定实施指南，有效利用普查结果，结合物种演化进程实行清单式管理，明确重点区域、关键时期，统筹利用人工防治、化学防治、生物防治等多种方法，分阶段确定主要措施，提供详尽有效的技术支持和策略指导。二是加大生物防治应用力度，充分利用物种间的相互关系推广绿色防治，注重治理后评价、跟踪复查，兼顾入侵物种清除后的生态恢复工作，适时引入本地物种予以修复。三是开展外来入侵物种各部位机能研究，部分外来入侵物种具有一定的资源化利用价值，探索实现的可能性和有效途径。

多方齐抓共管，推进制度体系建设。2022年8月1日，农业农村部、自然资源部、生态环境部、海关总署联合发布的《外来入侵物种管理办法》正式实施，明确外来入侵物种定义，要求各地在源头预防、监测预警、治理修复等方面健全管理体系，为开展全链条精准防治提供制度保障。一方面，加强部门间多方合作，完善协调机制，促进各行政执法部门形成工作合力，搭建生态风险监测信息共享网络，实现资源整合、统筹谋划、联合行动，构建科学化、系统化、高效化的物种管理工作流程。另一方面，强化行政执法与刑事司法有效衔接，从法治层面，进一步约束和规范各主体行为，落实造成入侵后果的法律责任推动责任追究和经济赔偿的法治化进程，建立健全外来物种入侵管理和监督的专门法律。

开展全民防范，增强生物入侵防范意识。外来物种入侵的主要原因包括养殖繁育场所逃逸，宠物遗弃、逃逸等，公众的积极广泛参与可以有效切断多条入侵途径，这事关防治工作的进展和成效。一是广泛开展生物安全普及教育，不仅充分利用电视、报纸、网络等多种渠道进行科普宣传，同时针对生物引种、检验检疫、港口物流等相关行业进行专门培训、针对性教育，以案促教加强全民对生物入侵危害的科学认知和安全防范意识。二是规范民众饲养宠物、放生行为，有效利用司法判例开展警示教育，结合普法宣传活动提高公众关注度、参与度，同时建立监督举报奖励制度，鼓励个人和单位提供线索、联合防治。三是推进生态文明学校教育，丰富环境保护教育内容，培育环境意识，提高科学认知，将生物安全内容纳入国民教育体系，形成维护国家安全的思想行动自觉。

（作者：韩　冬）

如何正确认识GEP?

生态系统生产总值核算结果应用，是建立生态产品价值实现机制的重要环节。近年来，广东、浙江、内蒙古、贵州等地不断探索GEP核算方式取得明显效果，特别是2020年10月浙江省发布了全国首部省级《生态系统生产总值（GEP）核算技术规范陆域生态系统》，为清晰省域"绿色家底"提供了可供借鉴参考的技术方案。但如何进一步推动GEP核算标准有效、多元应用，进而实现"一子落、全盘活"的价值效应，是关系能否打通"绿水青山"与"金山银山"转化通道的关键问题。近期，中共中央办公厅、国务院办公厅印发了《关于建立健全生态产品价值实现机制的意见》，鼓励地方先行开展以生态产品实物量为重点的生态价值核算，并强调推进生态产品价值核算结果在政府决策、绩效考核评价、经营开发融资、生态资源权益交易等方面的应用。这为深化GEP核算结果应用提供了基本遵循，指明了拓展方向。

推动GEP核算结果进入决策体系。让GEP核算结果发生裂变效应，就要让其进入绿色发展规划、绿色政策体系、绿色标准体系之中。首先，以"结果"为依据，编制绿色发展规划。在制定和发布统一的GEP核算标准基础上，按照GEP核算结果，结合区域差异化特征，指导各地区编制"十四五"区域绿色发展战略规划，对GEP核算及应用的重点领域、关键环节和主要问题进行顶层设计和整体部署，促进GEP、GDP双增长，GEP向GDP高效转化。其次，以"结果"为导向，健全绿色政策体系。注重将GEP核算结果引入生态优先、绿色发展的政策体系中，推动GEP核算结果在绿色发展财政奖补、国土空间管控、环境治理评估、资源要素配置等领域应用量化，提高政府决策的效能。最后，以"结果"为主线，构建绿色标准体系。加快形成陆域、海岛、山区、湿地等多生态系统的GEP核算标准体系，强化以GEP核算结果为主线，将绿色制造、绿色环境、绿色服务、绿色金融等领域标准串联起来，构建新型绿色发展标准体系。例如，湖州德清数字"两山"决策支持平台，基于GEP核算结果，依托"城市大脑"，积极对接多个职能部门标准数据，建立山水林田湖草沙等生态资产数字地图，从而实现GEP逐年、分布式核算，服务于生态修复、生态监管及未来决策推演。

推动GEP核算结果进入实际运用。GEP核算只是破解生态产品价值"难度量、难抵押、难交易、难变现"问题的最基础步骤，现实经济生活中往往更关注如何让核算出来的"绿色价值"得以实现。从发展趋势看，着力建立以GEP核算为基础的生态产品市场交易机制，加大经营开发融资、生态资源权益交易等方面的应用。各地区纷纷探索以"项目"为纽带，吸纳政府、企业、生态产品供给方、评估方等多主体共同参与的生态产品市场化交易方式，推动了重大项目和重点企业有效参与GEP核算应用过程。如，2020年5月国家电投集团与丽水市缙云县大洋镇"农光互补"项目，依据GEP核算结果，由第三方评估机构对企业购买的生态调节服务类产品以及生态溢价进行了估价，使其生态系统价值变现，实现企业购买生态产品的市场化交易。但在具体操作中，基于GEP核算为基础的生态产品市场化交易往往又会面临着交易成本高、金融下乡难等实际问题。基于此，积极推进"两山银行""生态积分"等创新做法，构建覆盖企业、社会组织和个人的生态积分体系，赋予生态积分等量的生态补偿措施，项目落地可以通过购买生态积分，获取优惠的生态产品服务和金融服务。同时，加大"绿色金融"支持力度，尝试探索"生态资产权益抵押+项目贷"模式，鼓励政府性融资担保机构为符合条件的生态产业作担保。

推动GEP核算结果进入绩效考核。在各地区绿色考核实践的基础上，逐步将GEP核算具体指标纳入各级党委政府部门综合绩效考核和干部考核评价体系中，提升领导干部参与GEP核算应用的积极性。积极推广领导干部离任GEP审计的做法，把GEP核算结果作为领导干部自然资源资产离任审计的重要依据和参考，切实推动生态产品综合指标转化为高质量发展的"指挥棒"，引导各地区破除"唯GDP"观念。但这个过程要坚持公平公正原则，循序渐进、分类实施，可采用"试点—辐射"形式推广扩散，不能采用"一刀切"的冒进做法。由于各地生态资源禀赋存在差异性，如陆域、山区、湿地、平原、海岛等不同生态系统间承担的主体功能及发展定位不同，因此考核评价的内容、标准、方式及力度也不能用同一把"尺子"丈量。对于提供生态产品、承担生态功能、事关生态安全的重点生态功能区应取消GDP指标考核，着重考核生态保护、环境治理、生态产品供给等方面的成效指标；对其他主体功能区应权衡好经济发展与生态价值的综合效益，探索GDP与GEP的双考核、双提升的有益做法和政策安排，确保评价考核的科学性、协调性、可操作性。

除此之外，还要加强GEP核算及应用的宣传培训。积极出台包含成果内容、发布应用及核算信息化建设等一体化的GEP核算的应用指南，并将其纳入干部教育培训主要内容，使其成为必修课程，引导领导干部提升绿色发展的责任意识，更好地指导和规范各地区GEP的核算和应用。

（作者：胡占光　朱荣伟）

15 如何正确认识GEP核算的重要意义？

生态产品价值实现是破解保护和发展矛盾的一条有效路径，随着生态系统生产总值（GEP）核算在全国多个区域推广应用，GEP走入公众视野，为生态产品价值实现提供了量化依据。GEP以生态产品为核算对象，以生态产品实物量和价值量评估为基本内容，无疑为将生态财富纳入国民财富核算体系开启了新思路，其核算依据、核算内容、核算方法上的突破，逐渐在绿色发展潮流中显示出生命力。

GEP助力绿色发展绩效考核落地生效。党的十八大以来，绿色发展作为新发展理念之一，是新时代发展的底色和要求。绿色发展着眼经济、社会和生态效益多元平衡目标，涵盖绿色生产方式、绿色生活方式和绿色文化价值等方方面面。在生态优先导向下，社会经济活动必须与生态承载力相符合，自然资源既是生产投入要素也是生产约束条件，最终形成的生态产品构成了人民美好生活需求的重要部分。生态产品是生态系统的产物，GEP将物质供给、气候调节、文化娱乐三类生态产品的功能量转化为价值量，反映了生态系统对人类社会的贡献，从而印证了"生态环境也是生产力"的道理，推动政府转变政绩观，将绿色发展绩效作为决策的导向。

GEP为生态产品定价提供科学依据。生态产品价值实现分为两个层次：一是将可用于市场交易的生态产品"卖出好价格"，包括农产品、林产品等有形产品售卖，以及碳汇、水权等无形资源产权交易；二是对不适宜市场交易的生态产品提供货币、技术、政策等生态补偿。对于市场交易或货币性生态补偿，前提条件是要按照市场规律给生态产品定价。目前，我国各地在实际核算中，通常以卫星遥感技术调查统计、生物物理过程模拟等方法计算出各类生态产品的实物量，再以直接市场法、影子价格法、替代工程法、机会成本法等方法将实物量转化为货币价值量，各类价值量加总后得到GEP。通过生态产品实物量和价值量核算，为确定生态产品市场价格、动态监测生态产品变化情况、评价生态系统质量、反映生态保护成效等提供量化依据。正因GEP"两步走"的核算过程需要参照市场供求规律，所以政府职能应体现到培育生态产品交易市场和引导生态产品交易行为上面来。

GEP补充了国民财富综合核算体系中生态效益缺失的短板。为了反映人与自然的相互关系，衡量自然对人类社会的服务以及社会经济活动对自然的影响，国际上通行两类评价方法。一种是拟定生态绩效指数，反映国家和地区生态环境健康水平和治理能力。例如，各类生态环境指标拟合而成的环境可持续指数（ESI）、全球环境绩效指数（EPI），以及部分学者将生态承载力评价和经济增长评价相结合创立生态绩效福利指数。另一种是将自然资源存量视为"自然资本"，与物质资本、人力资本和社会资本同为国民财富的组成部分，通过自然资本核算来记录自然资源的存量和流量变化情况。例如，联合国推出的环境经济综合核算体系（SEEA），不仅涵盖土地、矿产、水、森林等各类资源的实物量和价值量核算，还分设环境核算表来反映社会经济活动造成的环境损害情况，通常是以国民经济生产总值扣除资源耗竭和环境损害成本所得的结果，也被称为"绿色GDP"。若以国民经济生产净值扣除环境成本所得则被称为"真实储蓄"，二者本质上都是要剔除经济发展中的环境负外部性影响。同时，分设生态核算表反映生态系统功能和服务，GEP于2021年被纳入最新的SEEA正是为充实此项内容。

需要指出的是，GEP被视为国民财富核算体系的组成部分，其优点在于：一是指示性明确，生态产品价值评估反映的是生态系统服务的货币化价值，能够直观表达出生态系统与社会经济系统的关联性，使人们更好地认识生态系统对社会经济的贡献程度，及时了解其变化情况。二是整体性思维，GEP不局限于单个资源类别的管理，而是立足生态系统整体功能，按其提供的产品和服务类型进行分类核算和加总估计，从而将生态系统的生产和社会公众的需求紧密结合。三是可比性强，类似

GDP的加总核算方法为生态产品价值在特定区域不同阶段的时间尺度比较、某一时点不同区域的空间尺度比较提供了统一参照标准。然而，实践中GEP核算也面临一些问题，如对于生态产业化开发带来的价值会与GDP核算存在部分重叠，生态产品的非市场价值难以精准量化，生态产品或生态系统服务本是流量概念，无法全面反映资源存量价值，等等，此类问题仍有探讨和改善的空间。

（作者：薄　凡）

16 如何推动 GEP 核算有效落地？

生态本身具有包含经济价值在内的多重价值，是大自然馈赠给人类的宝贵财富。生态系统生产总值（GEP），是生态系统为人类福祉和经济社会可持续发展提供的最终产品与服务价值的总和。GEP核算可以定量揭示生态系统产品及服务提供者与受益者之间的生态关联，并能为生态保护成效评估、生态补偿政策制定提供科学依据，从而将生态效益纳入经济社会评价体系。加快建立GEP核算体系，摸清自然资源资产家底，凸显生态优先、绿色发展的导向性作用，对于深入推进生态环境建设有重大意义。

开展GEP核算的必要性。推进GEP核算回应了人民群众对美好生活的需求。GEP核算将生态系统产品量与服务量一并纳入统计，其实质就是给绿水青山潜在的服务功能定出实价，让"无价"的生态系统各类功能"有价化"，这体现了经济价值、社会价值与文化价值的统一。"三种价值"的一体化体现了绿色发展的内在要求，是人与自然和谐共生现代化的题中应有之义。

首先，以 GEP 核算引领经济发展。随着人口红利、土地红利、资源红利等传统红利的渐趋消失，客观上要求树立绿色发展理念，实现生态保护与经济发展的互促共赢。GEP 以生态红利为价值目标，将湿地、森林、草原、荒漠、水体等资源纳入核算，从而把生态产品与生态服务功能转化为真金白银，使我国经济社会发展步入"生态环境开发—系统功能提升—人民美好生活"的良性循环。探索建立符合各地实际的 GEP 核算制度体系，意在给高质量发展插上绿色翅膀，形成生态保护与开发、生态修复与利用、生态治理与产业化良性互动的发展格局。

其次，以 GEP 核算推动碳达峰、碳中和目标实现。在第七十五届联合国大会一般性辩论和《巴黎协定》签署 5 周年大会上，习近平主席向世界正式宣布，中国将提高国家自主贡献力度，采取更加有力的政策和措施，二氧化碳排放力争于 2030 年前达到峰值，努力争取 2060 年前实现碳中和目标，通过倒逼机制使生态红利成为中国未来发展的内生动力和重要抓手，进而推动全球生态治理。碳达峰是碳排放在由升转降过程中，控制碳排放量达到尽可能低的峰值。碳中和是人为排放与人为增加的碳汇收支相抵，实现二氧化碳的零排放。GEP 核算以绿色发展为导向，持续推动能源结构调整，生态产品的增加相应地降低了工业产品所带来的二氧化碳排放量，这种绿色、低碳、可持续的全面绿色转型有助于碳达峰、碳中和的加速实现。

GEP核算的具体实践。GEP核算，是在新发展理念指导下发展方式的深刻变革。在具体实践中，GEP核算还存在度量标准不统一、货币交易平台不规范、生态产品交易体制不完善、市场化激励约束机制不健全、核算结果差异大等问题。针对这些问题，建立健全GEP核算体系应着重从以下三个方面改进。

首先，把生态扶贫作为GEP核算的重要依托。脱贫攻坚取得了决定性成果，但是偏远的乡村山高路远，迫于生存的压力，更容易以破坏生态环境为代价来换取基本的生存需要，进而陷入"生产落后—生态破坏—生活贫困"的恶性循环。实际上，提升天然无公害的农产品和富氧的空气、洁净的饮水等优质生态产品的可持续供给，实现"绿水青山"向"金山银山"的顺畅转换，无疑是贫困地区由"输血"到"造血"的可行路径。通过生态保护补偿、生态服务付费、生态载体溢价、生态产业开发、资源产权交易等方式，既保护了生态环境，又巩固了脱贫攻坚成果，可谓一举两得。实现乡村振兴，提升乡村发展质量，关键在于发展乡村生态产业。既发展城乡居民迫切需求的生态有机农业、生态康养产业、美丽乡村游等产业样态，又充分挖掘乡村文化，留住乡村的"根"与"魂"。结合要素产出、科技贡献、新兴业态、文化转化等实际，以绿色产业带动乡村劳动力就业，培育乡村经济发展的绿色动能。

其次，用GEP核算盘活各类生态产品价值。在发展目标上，以绿水青山就是金山银山的"两山"理论为指导，更好地确保生态潜在价值增加，自然资本存量不减、功能不降。而生态产品价值实现的前提是科学合理地评估"绿水青山"的价值，进而为转化为"金山银山"创造条件。在发展主体上，探索多元化主体参与生态建设。以往生态产品交易过度依赖政府行政力量的推动，市场机制未能充分体现，要吸引绿色企业以PPP模式等有效方式参与生态建设。同时，充分调动社会力量参与生态建设的积极性，建设一批农旅结合、林旅结合、文旅结合的山水田园综合体。在路径方式上，用经济手段实现生态产品价值转化，进而实现自然资源的有效保护。GEP核算探索建立不同地域、区域、企业之间的用水、用能、碳排放、排污等市场交易体系，通过流转方式整合生态资源经营权改革，提高生态产品价值实现的市场化程度，把绿色优势转化为发展优势。

最后，建立多层次立体化GEP考核制度。一是建立生态产品认证体系。将GEP纳入国民经济统计核算体系，制定生态产品分类清单，发布生态产品核算技术指南，为政府部门全面摸清生态资源家底提供依据。二是建立科学合理的核算制度体系。基于大数据分析结果，推动建立科学合理、统一规范的核算标准，针对不同类型的生态产品制定不同的技术规范。三是建立生态产品评价评估制度。制定统一规范的监测标准体系，动态更新生态产品监测数据库，对生态产品空间分布、种类和数量等进行效度评估。四是编制生态产品资产负债表。构建以生态产品为核心的绩效考评机制，为领导干部的离任审计提供考评依据。

（作者：王艳峰）

四

污染防治和生态修复

如何有效打好污染防治攻坚战?

2021年是我国现代化建设进程中具有特殊重要性的一年，"十四五"时期的生态环境问题，应该说层次更深、领域更广、要求更高。也就是说，需要解决的环境问题数量大、分布散、隐藏更深且更不易发现，这就要求我们必须以改善生态环境质量为核心，锚定精准治污的要害，深刻把握"科学治污"内涵，全面贯彻新发展理念，坚持系统观念，深入打好污染防治攻坚战，推动形成科学治污新格局，加快实现绿色低碳发展。

"十三五"期间，我国生态环境质量总体改善，污染防治攻坚战阶段性目标任务圆满完成。从"十三五"时期我国提出"坚决打好污染防治攻坚战"，到"十四五"时期的"深入打好污染防治攻坚战"，"坚决"到"深入"，一词之差，将带来重大的转变。"十四五"时期，我国进入新发展阶段，对加强生态文明建设和生态环境保护提出了新要求。要全面贯彻新发展理念，始终坚持系统观念，围绕"提气、降碳、强生态，增水、固土、防风险"总体工作思路，深刻把握"科学治污"内涵，进一步提升科学治污能力和水平，推动形成科学治污新格局，为深入打好污染防治攻坚战提供科技保障。

一、协同好人与自然和谐共生，走"三生"共赢发展之路

人与自然是生命共同体，人与自然共同组成了一个高度复杂的复合生态系统。为此，在科学治污的过程中，我们必须要协同好人与自然和谐共生，坚定不移走"生产发展、生活富裕、生态良好"的"三生"共赢发展之路。

顺应自然规律，守住自然系统生态安全边界。自然系统是人类赖以生存和发展的前提和基础，过去人类以征服者的态度对待大自然，以环境污染换取经济发展，极大地损害了人类自身生存的基础。生态是统一的自然系统，是相互依存、紧密联系的有机链条，生态环境保护是一项系统工程。生态环境治理决不能头痛医头、脚痛医脚，只有坚持尊重自然、顺应自然、保护自然，才能与自然和谐共生。要研究自然系统的演变规律和污染物在生态环境中的迁移转化规律，利用自然自身的恢复力，借用自然的力量来修复自然，从根源上解决生态环境问题，达到标本兼治的效果。

转变发展方式，促进生产系统的绿色低碳转型。绿色发展是构建高质量现代化经济体系的必然要求，是解决环境问题的根本之策。在新发展理念的引领下，要针对产业、能源、交通等结

构性矛盾，以生态环境保护倒逼产业结构升级转型，实现产业生态化、能源绿色化，促进经济发展和生态环境协同共进。强化科技创新驱动支撑引领作用，使绿色创新成果加快转化为现实生产力，激发经济转型的创新活力和创造潜能，形成经济增长的绿色新动能。

培育绿色理念，构建生活系统的绿色模式。畅通国内大循环需要释放强大消费潜能，绿色消费是推动绿色发展的新动力。随着人民生活水平的不断提高，我国的消费水平持续增长，但与此同时，铺张浪费、过度消费等现象依然存在，这加剧了资源环境压力。目前，勤俭节约、绿色低碳、文明健康的绿色生活方式和消费模式尚未普遍形成，还需要法律法规、标准规范、宣传教育、绿色文化建设等来引导正确的消费行为。要强化生态保护与资源节约意识，树立绿色消费理念，推动绿色旅游、有机农业、绿色建筑等绿色产业和绿色产品的发展。建立激励机制，提升全社会参与生态环境保护的积极性，使绿色生活成为新时尚。

二、强化系统治理，构建科学治污支撑体系

近年来，我国持续加大科技投入，环境污染治理、保护修复、环境管理的科学水平不断提升。但总的来讲，生态环境治理的整体性、系统性尚显不足，科技支撑能力亟待提升。为此，急需建立健全"源头预防—过程控制—执法监督"的科学治污支

撑体系。

加强源头预防。一方面，要弄清问题成因，对症下药。通过系统分析，开展机理和规律研究，提出针对性的解决方案和技术方法，从根本上解决问题。比如，大气攻关项目精细化解析了京津冀及周边地区每座城市的排放源，使区域大气污染防治工作能够有的放矢。另一方面，要通过规划环评、政策环评、资源利用评估等手段，从源头上控制污染物排放。比如，面源污染是一个系统性难题，要依靠源头的政策创新，借助生态学方法去解决，推进节水灌溉、水肥一体化、保护性耕作等减源技术。全国14亿多人口，14亿多张嘴每年消费1.3万亿斤粮食，背后是数千万吨的化肥、农药消耗，从根上开展研究，研发使用绿色化肥农药，落实光盘行动，可以达到事半功倍的效果。

推进过程控制。从生产、分配、流通、消费全过程控制环境污染和生态破坏，通过实行全过程控制，不仅可推动资源利用效率提高、污染物减排效率提升，还可获得经济效益、社会效益和环境效益的"多赢"局面。通过清洁生产的"效益激励"机制，可有效化解环保和经济发展的矛盾，持续推动企业自我改进，实现绿色升级。以面源污染控制为例，要积极推进生态沟渠、生态干渠等过程拦截技术，以及人工湿地再处理等治理技术。同时要坚持自愿性与强制性相结合，建立完善过程控制的指标体系，将绿色发展要求纳入生态环境标准中。

服务执法监督。研发信息化、高效化的监管执法工具，打造智能化监控预警和数据分析平台，用科技的手段化解基层治理人力、物力不足等难题。一方面，要应用科技手段，在方便地方环保执法的同时进一步提高执法效率，提升环境执法的针对性、科学性、时效性及精准化水平。环境治理问题的本质是社会管理问题，需要平衡好各方的关系，着力打通机制，各方齐发力，强化联防联控，推动形成多元共治的责任主体。另一方面，要构建完善社会组织的监督机制，使其在生态环境监督中发挥更强有力的作用。

三、统筹兼顾，系统治理，打好污染防治攻坚战

"十四五"时期，深入打好污染防治攻坚战，既要巩固生态环境保护成果，又将面临复杂形势和诸多挑战。为此，需要坚持问题导向、目标导向、结果导向，大力推进科技创新和协同治理，有效支撑科学治污。

加强绿色科技创新引领作用。发挥绿色科技在促进产业提质增效升级中的引领作用，对传统经济的生产模式、技术类型和产业形态进行全面的绿色改造。我国生态环境科研能力与减污降碳总要求仍存在较大差距，一大批核心瓶颈技术和适用可行技术亟待突破。鉴于此，一方面，要在重点领域关键环节展开科技攻关，支撑生态环境质量改善、生态环境风险防控和生态环境智慧监管的总目标与各项任务。另一方面，创新不只是科学原理、工

艺技术、治理技术的创新，也包括管理创新、模式创新、流程创新、执法创新和绿色文化传播方式创新等，要全面提高科技对生态环境保护的支撑能力和服务效能。

加快现代化的多元环境治理体系构建。坚持多元共治是现代环境治理体系的一个鲜明特点。构建多元共治的现代环境治理体系，就是要坚持在党的领导下，促成政府、企业、社会组织、公众等各主体形成环境治理合力，实现不同治理主体之间的协同和功能互补、资源共享，以共同推进区域环境的有效治理。污染防治攻坚战进入新的发展阶段后，触及的矛盾层次更深、领域更宽、范围更广，需要解决的环境问题数量大、分布散、隐藏更深且更不易发现。首先，要尽快构建全民共治共享的现代环境治理体系，充分发挥各方治理主体的积极性、自觉性，形成生态环境治理新格局。其次，突出社会治理理念，更多关注城市和广大乡村社区层面的环境治理体系建设，在党和政府的领导下，强化社区环保自治能力，将生态环境治理向基层下移。

推进科技协同创新模式和机制。协同创新是以知识增值为核心，企业、政府、知识生产机构和中介机构等为了实现重大科技创新而开展的大跨度整合的创新模式，以起到实现各方的优势互补，加速技术推广应用和产业化，协作开展产业技术创新和科技成果产业化为目的，是当今科技创新的新范式。结合"十四五"时期深入打好污染防治攻坚战，面向中长期美丽中国建设目标，针对重大区域性、流域性生态环境问题，组织科技攻关。一方面，要推进跨学科交叉融合、多技术多产业跨界融合、产学研用一体化的协同创新模式，超前谋划，改变科研产出落后于治理需求、跑得慢的状况。促进科研成果集成转化落地，破解科学研究和应用的"孤岛现象"。另一方面，要进一步优化科技资源配置，突破科研院所"单兵作战"的发展约束短板，形成支撑生态环境管理的整体合力，构建全国生态环境科技"一盘棋"格局。

（作者：李海生）

② 如何认识开展新污染物治理及风险防控？

党的二十大在部署深入推进环境污染防治时，明确提出"开展新污染物治理"。新污染物治理是深入打好污染防治攻坚战、持续改善生态环境质量的重要内容，也是保护人民群众环境安全、健康安全的必然选择。鉴于目前我国是化学物质生产使用大国，在产在用的化学物质有数万种，每年新增上千种化学物质，正逐步成为制约大气、水、土壤环境质量持续深入改善的新难点之一。因此，有效防范新污染物可能带来的一系列风险及危害，须明确目标和举措，对其加强治理及风险防控。

一、开展新污染物治理是生态环境质量持续改善的内在要求

新污染物具有生物毒性、环境持久性、生物累积性等特征，其来源比较广泛，危害比较严重，环境风险比较隐蔽。据资料显示，我国现有化学物质4.5万余种，其在生产、加工、使用、消

费和废弃处置的全过程都可能存在环境排放。此外，新污染物还可能来源于无意产生的污染物和环境降解产物。目前，新污染物在城市污水、地表水、饮用水中被频繁检测出，受关注较多且潜在风险较大的新污染物被分为环境内分泌干扰物、全氟和多氟烷基化合物、药品和个人护理用品、微塑料等。因此，2022 年 5 月，国务院办公厅印发《新污染物治理行动方案》，对新污染物治理工作进行全面部署并明确指出：到 2025 年，完成高关注、高产（用）量的化学物质环境风险筛查，完成一批化学物质环境风险评估，对重点管控新污染物实施禁止、限制、限排等环境风险管控措施等。同时，按照全生命周期环境风险管控有毒有害化学物质环境风险，我国已将 40 种类化学物质纳入《优先控制化学品名录》，实施禁止生产使用、清洁生产、产品含量限制管控，还淘汰了 20 种类持久性有机污染物。这些均为我国新污染物治理工作打下了良好基础。但是，我们也要清醒认识到：当前，我国新污染物治理仍处于起步阶段，面临着治理难度大、技术复杂程度高、工作基础薄弱等现实困难。因此，新污染物治理任务十分艰巨。

二、积极推进并构建新污染物治理法规政策和标准体系建设

弥补常规污染物治理的缺失，进一步完善我国生态环境治理

体系，对污染物进行行之有效的动态治理，是对新污染物治理提出的新要求和新方向。2020年修订的《新化学物质环境管理登记办法》，将有毒有害化学物质分批纳入环境风险管理，探索新污染物相关法规和标准体系建设，研究推动有毒有害化学物质环境风险管理立法等。近期，生态环境部会同工业和信息化部、农业农村部、商务部、海关总署、国家市场监督管理总局多部门联合印发《重点管控新污染物清单（2023年版）》，于2023年3月1日起施行。因此，一方面，需要强化并提升各相关主体协同治理的能力，明确落实主体责任和属地责任，制定实施新污染物治理相关法律法规制度，尽快实现化妆品、药品、农药、兽药等相关管理制度与有毒有害化学物质环境风险管理制度的衔接，以积极推进我国新污染物治理进程。另一方面，全面建立和落实新污染物环境调查监测制度、化学物质环境信息调查制度、化学物质环境风险评估制度、化学物质环境管理登记制度等，强化源头准入，在首批基础上，动态发布重点管控新污染物清单及其禁止、限制、限排等环境风险管控措施。同时，建立完善技术标准体系，制定新污染物环境质量标准及新污染物污染源排放控制标准，动态筛选确定高风险新污染物，纳入优先控制名录。

三、对新污染物有毒有害化学物质防治须全过程管控

鉴于新污染物治理的特点及其复杂性，我国应选择如石化、

医药、农药、印染、涂料等重点行业，长三角、珠三角等重要受体敏感分布区以及长江、黄河等重点流域，开展新污染物治理试点工作，广泛扎实开展新污染物调查、环境监测、后果评估等基础数据情况，积极探索总结推广新污染物替代、减排、固体废弃物处理、污染地修复先行先试经验和做法，避免走弯路。一是把新污染物治理列为深入打好污染防治攻坚战延伸深度、拓展广度的重要内容，持续改善水、大气、土壤环境质量；在科学评估、精准识别环境风险较大新污染物的基础上，对需要优先管控的新污染物，动态分批列出清单，采取限产、停产和替代等措施，先从源头减少新污染物流入环境。二是大力推动清洁生产，发展绿色制造和循环经济，优化石化、农药、医药、纺织印染、橡胶、树脂、涂料等涉及新污染物重点产业行业监管，淘汰落后产能。三是鼓励绿色生产和绿色消费，制定玩具、抗生素、化妆品、洗涤用品、塑料制品等消费产品的新污染物含量限制标准，强化含特定新污染物废物的收集处置利用，进一步降低新污染物环境风险并监督落实。四是对新污染物有毒有害化学物质防治仍需进行全过程管控。一方面，夯实有毒有害化学物质环境风险筛查评估，确定需要重点管控新污染物，实施重点管控新污染物生产使用的源头禁限、过程减排、末端治理行动。另一方面，严格落实淘汰或限用措施，全过程对新污染物进行环境风险管控防治，有效控制新污染物进入水、大气、土壤环境中。同时，持续动态开展相关重点管控新污染物专项行动，精准治污、依法治污。

四、改造升级末端污染治理环境基础设施并强化科技支撑

目前，我国现有运行中的常规污水处理、烟气处理、固废垃圾处理等末端治理设施大多难以有效去除新污染物，亟须改造升级。一方面，根据新污染物防治技术设备设施要求，改造升级污水处理、烟气处理、固废垃圾处理等末端治理设施，以符合有效防治的技术参数和技术规范要求，达到相关污染物排放标准和环境质量目标要求。另一方面，应整合研发力量，加大资金投入，持续组织全国相关领域科技力量重点协同攻关，突破我国计算毒理学存在被"卡脖子"等方面的难题。比如，在新污染物筛查应用方面存在的相关计算方法专利和软件知识产权限制、在污染物环境毒性效应、基因组学等大数据资源方面，缺乏自主知识产权数据库系统等诸多技术难关。需从研究策略、常用数据库、分析工具、研究方法及应用领域等方面，对计算毒理学的研究进展进行归纳总结，尽快推动建立国家主导、多方参与的新污染物环境监测数据共享机制。同时，继续以履行《关于持久性有机污染物的斯德哥尔摩公约》《关于汞的水俣公约》为抓手，在已淘汰20种类持久性有机污染物的基础上，分批禁止限制相关公约管控有毒有害化学物质的生产和使用，维护全球生态安全。

（作者：杜　强）

3 如何划定并守好生态保护这条红线？

生态保护红线是我国首创的一套国土空间管理模式，划定的是具有特殊重要生态功能的区域，包括森林、草原、湿地、河流、湖泊、滩涂、岸线、海洋、荒地、荒漠、戈壁、冰川、高山冻原、无居民海岛等。这些区域直接关系国家生态安全格局构建、生物多样性维护和生态系统完整，有利于提升生态系统质量和稳定性。目前，我国31个省（自治区、直辖市）和新疆生产建设兵团已基本完成生态保护红线的划定或调整。

我国生态保护红线集中分布于青藏高原、天山山脉、内蒙古高原、大小兴安岭、秦岭、南岭，以及黄河流域、长江流域、海岸带等国家重要生态安全屏障和区域。主要涉及三个方面：一是整合优化后的自然保护地，包括国家公园、国家公园体制试点区、自然保护区和自然公园约7000个，占生态保护红线总面积的比例超过50%；二是自然保护地外的生态功能极重要、生态极脆弱区域，占生态保护红线总面积的比例约为30%；三是目前基本没有人类活动、具有潜在重要生态价值的战略留白区，主要位于青藏高原东西两侧、内蒙古中西部及尚未开发利用和具有特殊保护价值的无居民海岛等，占生态保护红线总面积的比例为20%左右。

尽管生态保护红线相关工作取得了阶段性进展，但部分地区在实践中仍面临着双重挑战。一方面，在划定工作中生态保护红线存在着与耕地、建设用地、规划建设区范围、人工商品林、矿业权的重叠，与永久基本农田、城镇开发边界的衔接等问题，仍需局部微调。另一方面，在守护工作中，目前生态保护红线的管控措施较为薄弱、监测评估体系尚未建立、执法监督仍需加强、生态补偿制度并未健全、考核追责机制有待深化、公众参与机制也不完善。针对上述问题，亟待建立健全相关制度机制。

加快落实调整规则。生态保护红线的调整应当遵循科学依据，在法定的幅度与合理的空间中进行。红线的调整应当符合国土空间总体规划与定位，依据规划的基础数据开展。具体而言，一是坚持科学评估、合理调整，以生态保护重要性评价为基础，完善科学评价体系，妥善处理好现实矛盾冲突和历史遗留问题，最大限度减少新的不必要冲突。二是坚持应划尽划、应保尽保，保持自然生态系统完整性和生态廊道连通性。三是坚持实事求是、简便易行，对生态搬迁、矿业权等须逐步退出的人为活动，制订具体计划并合理设置过渡期，依法加强产权人合法权益保护，在实现生态安全的同时确保社会稳定。

强化管控措施。2022年8月16日，由自然资源部等三部门联合印发的《关于加强生态保护红线管理的通知（试行）》，要求各地按照划管结合的思路，严格落实按照生态保护红线管控规则、占用调整、监督实施等要求，妥善处理红线内的各类人为活动。一方面，推动实施生态保护红线监管技术规范台账数据库、生态功能评价等系列标准，加强监管平台与能力建设。另一方面，鼓励各省以此为基础结合实际不断细化完善，确保生态保护红线划定后，已有人为活动和规划项目在实施、监管过程中有据可依、有能力落实。

开展监测评估。建立生态保护红线监管指标体系，需加强对资源环境承载力评估和国土空间开发适宜性评估。一方面，建立生态保护红线监测评估制度，开展生态保护红线生态系统格局、质量、功能等监测评估，及时掌握全国、重点区域、县域生态保护红线动态变化，实现对重点区域和重大问题的及时预警和处置。另一方面，建立国家生态保护红线监管平台，加强监测数据集成分析和综合应用，强化生态气象灾害监测预警能力建设，全面掌握生态系统构成、分布与动态变化，及时评估和预警生态风险，提高生态保护红线管理决策科学化水平。

强化执法监督。根据底线约束、规划引领、部门协同、数字治理的原则，以最严格的生态环境保护制度监管生态保护红线，实现一条红线管控重要生态空间，确保生态功能不降低、性质不改变，维护生态安全，促进经济社会可持续发展。一是加强生态保护红线执法监督力度，确保最严格的生态环境保护制度落地见效。二是建立生态保护红线常态化执法机制，定期开展执法督查，不断提高执法规范化水平。三是充分运用中央生态环境保护督察和绿盾专项行动发现和依法处罚生态保护红线内的违法行为，切实做到有案必查、违法必究。同时，加强与司法机关的沟通协调，健全行政执法与刑事司法联动机制。

完善生态补偿机制。按照"谁保护、谁受益"的原则，建立健全市场化、多元化的生态保护经济补偿制度，加大各级财政支持，将涉及生态保护红线的补偿经费纳入本级政府财政预算，实行补偿资金发放与生态保护责任的落实相挂钩，对生态保护作出贡献的集体和个人给予奖励。一方面，加快完善国家重点生态功能区转移支付政策，并在生态保护红线所在地区和受益地区探索建立横向生态保护补偿机制。另一方面，瞄准生态补偿的主客体、制定差别化的补偿标准、配合使用不同补偿方式、精准有效监督补偿客体、构建补偿综合绩效评价体系，形成全覆盖、不重复、有机衔接的生态补偿体系，缩小相关方之间的认知差异、目标分歧和利益冲突，增强维护生态保护红线的内生动力。

健全考核追责机制。生态保护红线划定来之不易，各地区、各部门应切实担负起主体责任，形成生态保护合力，推动绿色发展。一方面，继续不断完善生态保护红线生态功能评价指标体系和方法，对各级党委、政府开展生态保护红线保护成效进行考核，并将结果纳入生态文明建设目标评价体系，作为党政领导班子和领导干部综合评价及离任审计的重要参考。另一方面，对违反生态保护红线管控要求，造成生态破坏的部门、地方、单位和有关责任人员，按照有关法律法规和《党政领导干部生态环境损害责任追究办法（试行）》等规定实行责任追究。

健全公众参与机制。生态红线能否守得住，关键在执行；执行效果好不好，关键在于公众的积极广泛参与。一方面，不仅需要充分发挥公益广告、自然教育等宣传倡导作用，推动社会各界牢固树立生态保护红线观念，还要及时准确发布生态保护红线的分布、调整、保护状况及其监控、评价、处罚和考核等信息，保障公众知情权。另一方面，拓展公众监督参与渠道，合理运用听证会、论证会、问卷、电话、信函、网络以及志愿服务等方式，保障公众的参与权和监督权，借助社会力量实现一条红线管控重要生态空间。

（作者：郝　亮　汪晓帆）

如何以系统思维推进山水林田湖草沙综合治理?

党的十九届五中全会进一步强调"推动绿色发展,促进人与自然和谐共生"。从理念的提出到实践的行动,高密度的文件及规划的出台,彰显了生态保护和修复"系统治理"在建设生态文明、共筑美丽中国中的突出地位。"十四五"时期,要遵循生态系统的整体性、系统性及其内在规律,推动形成山水林田湖草沙系统保护和修复的新格局,在全面建设社会主义现代化国家的新征程中开好局起好步。

一是建立山水林田湖草沙系统治理的认知体系。充分认识山水林田湖草沙作为生命共同体的内在机理和客观规律,有利于落实整体保护、系统修复、综合治理的理念和要求。坚持山水林田湖草沙是生命共同体理念,遵循生态系统内在机理,以生态本底和自然禀赋为基础,注重自然地理单元连续性和完整性、物种栖息地的连通性,统筹各种自然生态系统,统筹陆地海洋、山上山下、地上地下、上游下游等方方面面的关系。着眼于提升国家生态安全屏障体系质量,聚焦国家重点生态功能区、生态保护红线、自然保护地等重点区域，突出问题导向、目标导向，坚持陆海统筹，妥善处理保护和发展、整体和重点、当前和长远的关系。关注生态质量提升和生态风险应对，强化科技支撑作用，因地制宜、实事求是，科学配置保护和修复、自然和人工、生物和工程等措施，推进山水林田湖草沙整体保护、系统修复和综合治理。

二是建立山水林田湖草沙系统治理的空间规划体系。加快构建"多规合一"的国土空间规划体系，强化国土空间规划对各专项规划的指导约束作用。贯彻落实主体功能区战略，以国家生态安全战略格局为基础，以国土空间规划确定的国家重点生态功能区、生态保护红线、国家级自然保护地等为重点，突出对京津冀协同发展、长江经济带发展、粤港澳大湾区建设、海南全面深化改革开放、长三角区域一体化发展、黄河流域生态保护和高质量发展等国家重大战略的生态支撑。在统筹考虑生态系统的完整性、地理单元的连续性和经济社会发展的可持续性的基础上，加强相关生态保护与修复规划之间的有机衔接。在《全国重要生态系统保护和修复重大工程总体规划（2021—2035年）》的基础上，形成全国重要生态系统保护和修复重大工程"1+N"规划体系，促进自然生态系统整体保护、系统修复和综合治理。

三是建立山水林田湖草沙系统治理的工程体系。生态保护和修复是一项整体性、系统性、复杂性、长期性工作，通过高质量建设重大工程，促进自然生态系统保护和修复，构筑和优化国家生态安全屏障体系。科学布局和组织实施生态系统保护和修复重大工程，着力提高生态系统自我修复能力，增强生态系统稳定性，提升生态系统功能，扩大优质生态产品供给。以治理区域为基本单元，由以条线为主逐步向区块为主、条块结合转变，着力解决自然生态系统各要素间割裂保护、单项修复的问题。在重大工程的实施中，坚持保护优先、自然恢复为主的方针，结合区域水资源、土壤、光热、原生物种等自然禀赋，采取保育保护、自然恢复、辅助修复、生态重塑等修复和保护模式，避免过多的人工干预，杜绝盆景项目和形象工程，促进自然生态系统的改善。

四是建立山水林田湖草沙系统治理的监测评价体系。健全生态环境监测评价制度，开展自然资源统一调查监测评价和统一确权登记，建立归属清晰、权责明确、保护严格、流转顺畅、监管有效的自然资源资产产权制度，促进自然资源资产节约集约开发利用。全面开展资源环境承载能力和国土空间开发适宜性评价，科学有序统筹布局生态、农业、城镇等功能空间，划定并严守生态保护红线、永久基本农田、城镇开发边界等三条控制线以及各类海域保护线。加强生态保护和修复标准体系建设，建立部门间信息共享机制，加强生态保护和修复的调查、监测、评价、预警的能力。推进现代感知手段和大数据运用，不断提高生态环境监管水平。建设海洋生态预警监测体系，提升海洋防灾减灾能力。

五是建立山水林田湖草沙系统治理的科技支撑体系。加强理论研究与工程实践的衔接，推进科技成果转化，增强关键技术和措施的系统性和长效性。加强生态保护和修复领域科技创新，开展生态保护修复基础研究、技术攻关、标准规范建设。依托自然资源"一张图"和国土空间基础信息平台、国家生态保护红线监管平台，构建国家和地方相协同的"天空地"一体化生态监测监管平台和生态保护红线监管平台。聚焦生态保护和修复重点工程任务，完善生态气象综合观测体系，加强重大气象灾害和气候变化对生态安全的影响监测评估和预报预警，增强气象监测预测能力及对生态保护和修复的服务能力。加强森林草原火灾预防和应急处置、有害生物防治能力建设，提升基层管护站点建设水平，完善相关基础设施。

六是建立山水林田湖草沙系统治理的制度体系。着力构建生态环境治理制度体系，建立权责对等的管理体制和协调联动机制，全面实行排污许可制，落实生态环境损害赔偿制度。积极推进生态环境领域法律法规制度修订工作，建立完善生态环境保护综合行政执法体制，严厉打击环境违法行为。坚持依法治理，深化生态保护和修复领域改革，释放政策红利，拓宽投融资渠道，创新多元化投入和监管模式，完善生态保护补偿机制，提高全民生态保护意识，推进形成政府主导、多元主体参与的生态保护和修复长效机制。秉持人类命运共同体理念，积极履行应对气候变化承诺，推动构建公平合理、合作共赢的全球气候治理制度体系，推进形成山水林田湖草沙系统保护和修复新格局。

（作者：董　玮　秦国伟）

如何有效推进矿山生态修复？

我国矿产资源开发活动由来已久，但长期高强度、大规模的矿产开采遗留下来的矿山地质环境问题几乎遍及全国，严重影响了区域生态系统。近年来，中央生态环境保护督察多次集中通报典型案例，公开点名批评部分地区认识不到位，违规审批矿山开采，导致生态破坏严重、环境问题突出，部分地区绿色矿山创建有名无实、生态修复严重滞后。绿色矿山沦为"问题矿山"，亟待高度关注并破解。

一、绿色矿山为何成为"问题矿山"

绿色矿山创建频频"爆雷"，生态修复方面出了问题，最终影响创建成效。首先，标准体系不健全。政府层面缺乏总体规划，现有绿色矿山建设标准缺乏可量化的刚性指标、规范的引导评价和明确的奖惩措施，准入和退出评价机制不健全，难以起到刚性约束作用。其次，协同监管不到位。第三方评估机构和相关监管部门评选标准不严、形式主义严重、考核形同过场，虚报瞒报、手续不全、负面清单执行不力、不断逾越"生态红线"者通过层层评审，绿色矿山建设变形走样。再次，发展格局不协调。企业认知不足，或将绿色矿山简单等同为"绿化"矿山、单纯侧重于植树填坑等末端治理，未理解绿色矿山建设内涵包括生态环境与安全、社会、资源、管理和科技等诸多方面；或片面认为绿色矿山建设在技术研发、设备升级、环境监理等方面会增加企业成本，责任主体意识淡薄，未看到后期创造的经济、社会、环境和资源效益将远高于前期投入；或部分认为一旦成功入库就是拿到"免检金牌"，缺乏长期谋划，未认识到矿产资源和生态环境才是企业的源头活水。最后，开采技术与管理水平落后。仍未摆脱传统发展路径依赖，导致旧账未了又添新账，"一年绿、二年黄、三年退化严重"现象屡见不鲜。

二、矿山修复下的绿色矿山题中应有之义

全面推动绿色发展是生态文明建设的治本之策，有效推动绿色矿山建设是经济高质量发展的题中应有之义。首先，"绿色"是矿山环境治理修复的底色。自2008年12月国务院批准实施《全国矿产资源规划（2008—2015年）》，正式提出"绿色矿山"概念以来，绿色矿山已不单纯指矿区绿化或复绿、给矿山穿一件"绿衣裳"，而是指在矿产资源开发全过程中，实施科学有序开采，

对矿区及周边生态环境扰动在可控范围内，实现矿区环境生态化、开采方式科学化、资源利用高效化、企业管理规范化和矿区社区和谐化，完成矿山地质环境稳定、损毁土地复垦利用、生态系统功能改善等目标。其次，既要"绿底"，更要"绿芯"。一方面，矿山修复是涵盖资源合理开发利用、节能减排、环境保护、生态修复、矿地和谐、源头管控等在内能够进行自我维护、运行良好的完整生态服务系统，矿山生态修复不仅是绿色矿山建设的重要内容，也是评价绿色矿山建设的重要指标。另一方面，矿山修复不仅需要从源头控制、过程治理，严守生态"绿底"，还需要在修复治理中为其注入"绿芯"，才能持续激发绿色发展新动能，顺应人民群众对蓝天、碧水、绿树、蓝绿交织的高品质生活新期待。最后，既要复绿，更要"富"绿。绿色矿山是未来矿山转型升级的必由之路和建设矿业强国的有力支撑。大力推进废弃矿山生态环境治理和矿地综合利用，加快推进CCUS（二氧化碳捕集、利用与封存）技术研发和推广应用，在强减排条件下实现行业低碳持续稳定发展。通过生态修复后的生态系统结构和功能相对完整的植被覆盖可实现碳源向碳汇转换，对固碳释氧、缓冲气候变化影响、实现"双碳"目标有重要意义。

三、走好绿色矿山生态发展的路径

生态修复是矿山全生命周期绿色发展的关键环节，已成为行业提质发展绕不过去的必答题。首先，构建绿色矿山发展新机制。一是充分发挥地方政府的领航主导作用，做好科学规划，完善标准体系，优化政策体系，落实工作体系，为绿色矿山发展提供充分制度保障。二是完善监管惩罚措施，将绿色矿山建设纳入绩效考核，推进相关部门履行监管责任，加强沟通协调，严格执纪执法，强化责任意识，形成发展合力，有效保障在矿区环境、节能减排、资源利用、企业管理等方面达标建设。三是建立第三方追责问责机制，广泛接受社会监督，切实推动履职尽责，确保申报过程公平公正、评价结果客观严谨。其次，构建多层次适度激励政策体系。绿色矿山建设不仅是多主体参与的过程，而且是一个长期性、周期性的问题，存在很大的随机性与变动性。因此，仅靠矿山企业自觉远远不够，尚需建立标准体系与奖惩机制，扩大相关政策面向范围，通过税收减免、以奖代补等多种方式，对不同级别的矿山特别是开展绿色矿山建设的企业给予相应的政策扶持。同时，加强宣传、双管齐下，充分调动矿企参与绿色矿山建设的积极性，将"绿色"理念真正植入每一个企业中，贯穿规划、设计、建设、运营管理乃至闭坑全过程。最后，建构绿色矿山建设共同体。一方面，按照"政府主导、企业主体、协会支撑、政策保障、市场运作"的发展模式，借鉴利益相关者管理理论，健全适当利益调配机制，将绿色矿山创建规划布局纳入当地产业经济发展整体布局，构建包括各级政府、矿业企业、社区、资源消费者等多方参与的多层次运行体系，形成全民参与绿色矿山建设、支持绿色矿山发展的良好氛围格局。另一方面，强化企业主体责任，在勘探、设计、开采、修复等全生命周期中，优化"高效、低碳、环保、安全"的绿色技术体系，将"互联网+"嵌入绿色矿山发展治理全过程。优化科技资源配置，夯实绿色发展基础，促进有效创新转化，实现百姓富、生态美的有机结合。

（作者：甘守义　沈世伟）

6 **如何破解矿山生态修复难题?**

　　矿山生态修复是全面推进生态文明建设的重要组成部分。近年来,各地按照绿色发展要求,积极推进矿山生态保护与修复。但总体上看,我国矿山生态修复仍面临体系不健全、层次不高、新技术推广难等问题,破坏式开发对矿山地质环境造成的影响仍然严重。贯彻新发展理念,加快生态文明建设,要把矿山生态修复摆在更加突出位置,按照"构建党委领导、政府主导、企业主体、社会组织和公众共同参与的现代环境治理体系"的要求,通过科学化治理、市场化运作、社会化参与,全面提高矿山生态修复和综合治理水平。

　　推行科学化治理模式。矿山生态修复是一项复杂的系统工程,必须以新发展理念为统领,走科学化治理之路。首先,树立科学修复理念。一是因地制宜修复理念。坚持生态优先,按照宜农则农、宜建则建、宜水则水、宜留则留原则,因矿施策进行修复。二是仿自然修复理念。遵循自然生态系统规律,对矿山进行仿自然式地貌重塑、土壤重构和植物选种,更好实现山水林田湖草沙的协调兼容和自我调节。三是边开采边修复理念。相对于传统生态修复的末端治理，更加注重源头控制和过程治理，有效提高矿山土地复垦率和废物循环利用水平。其次，建立"事前事中事后"全过程修复机制。在"事前"环节，推进矿山生态修复相关立法和标准制定，在符合国土空间规划的前提下，全面编制各级矿山地质环境保护与治理规划，全面实行矿产资源开发利用方案和矿山地质环境保护与治理恢复方案、土地复垦方案三同时制度和社会公示制度。在"事中"环节，规范认定"新老"矿山地质环境问题，由各级地方政府对历史遗留矿山进行统筹治理，并督促矿山企业切实履行在建和生产矿山生态修复主体责任，逐步建立全国矿山地质环境动态监测体系。在"事后"环节，完善矿山生态修复成效考核评价体系，探索建立企业生态修复诚信档案和信用累积制度。最后，强化修复科技支撑。大力推进绿色开采、生态损伤科学诊断、生态修复规划、地貌重塑与土壤重构、植被恢复与生物多样性构建等矿山生态修复关键技术研发攻关，通过专项补贴、税收减免等方式加快新技术推广应用。

利用市场化运作方式。要解决矿山生态修复历史欠账多、资金投入不足等问题，需善于用市场逻辑和政策激励汇聚各方合力。一是建立多元化投入机制。一方面，要加大财政投入，加强政策与项目资金整合利用，为历史遗留矿山生态修复提供必要支持；另一方面，要发挥财政资金引导带动作用，按照"谁治理、谁受益"原则，通过政府搭建融资平台、政府购买服务、政企合作等方式打通社会资本参与通道。二是建立存量资源资产化机制。首先，盘活矿山存量建设用地。统筹使用城乡建设用地增减挂钩、工矿废弃地复垦和耕地占补平衡等政策红利，允许矿山复垦后腾退的建设用地指标在省域范围内流转使用，进而将收益反哺矿山生态修复。其次，合理利用废弃矿山土石料。按"一矿一策"原则同步编制废弃矿山土石料利用方案和生态修复方案，经相关主管部门审查同意后，可将因削坡减荷、消除地质灾害隐患等新产生的土石料及原地遗留的土石料无偿用于本修复工程。此外，如有剩余可对外销售，由县级人民政府纳入公共资源交易平台，销售收益全部用于本地区生态修复，同时保障承担修复工程的社会投资主体合理收益。三是建立产业融合发展机制。根据矿区生态敏感程度和空间布局结构，对具备综合利用和转型发展条件的矿山，探索实行"以用定治"生态修复模式。一方面，研究梳理矿山生态修复衍生产品的潜在价值，通过公开竞争方式，择优引入投资主体对矿山修复利用进行总体规划设计，并据此实施修复工程，推动矿山生态修复与地产开发、文化旅游、养老疗养、种植养殖等产业融合发展；另一方面，支持引导市场化项目可持续发展，针对矿山生态修复项目市场化运作难度大、投资回报周期长等问题，不断完善土地、金融、税收和保险等优惠政策，合理设置阶段性考核指标和容错激励机制。

完善社会化参与渠道。生态文明建设是人民共建共治共享的事业，矿山生态修复离不开社会组织和公众共同参与。一是发挥社会组织的积极作用。社会组织要在政府和企业之间发挥桥梁纽带作用，通过制定实施行业行为准则、开展矿山生态修复绿色认证等方式，促进行业自律。同时，加强对社会组织的管理和指导，引导具备资格的环保组织依法开展矿山生态环境公益诉讼等活动，大力发挥环保志愿者作用。二是健全群众参与机制。首先，要充分调动群众参与的积极性。尊重矿区当地群众的需求，通过加强信息公开、开展社区磋商、组织专家论证、召开听证会等方式，及时吸纳群众的合理要求，同时注重带动当地群众就业，更好实现矿山生态修复和矿区居民生产生活协调发展。其次，要不断提升群众的参与能力。通过发放学习材料、开展知识竞赛、举办地矿知识培训班等方式，提高矿区居民对矿山生态保护与修复的认识，鼓励矿区居民对矿山生态修复进行监督，发动矿区居民共同参与矿山地质环境动态监测，不断完善公众监督和举报反馈机制。三是畅通第三方参与渠道。为提高治理效能，地方政府、矿山企业、行业龙头企业和科研院所等共同搭建政产学研合作平台，采取"责任者付费，专业化治理"的方式，将矿山生态修复问题交由专业机构治理，同时鼓励企业和科研院所共建"研发中心""实践基地"等，加快矿山生态修复专业人才培养，为高质量推进矿山生态修复和综合治理提供人才保障。

（作者：董博文）

如何持续推进水生态环境保护?

党的二十大报告强调，"统筹水资源、水环境、水生态治理，推动重要江河湖库生态保护治理"，水是生态系统中最活跃、最基础的因子，是实现中华民族永续发展的战略资源。当前，我国正处于加快发展方式绿色转型的关键时期，水资源短缺、水环境污染、水生态损害等亟待解决的问题，仍然是制约我国水生态环境保护工作的短板。党的十八大以来，我们坚持山水林田湖草沙生命共同体理念，将系统观念贯穿水生态环境保护和绿色高质量发展全过程，由以污染治理为主转向统筹推进水资源保护、水环境改善和水生态修复，构建统筹水资源、水环境、水生态治理新格局，为实现"十四五"时期"有河有水、有鱼有草、人水和谐"的治水目标打下了坚实的基础。因此，以"三水统筹"持续推进水生态环境保护尤为重要。

在"三个治污"上下功夫，实现"有河有水"。党的二十大报告指出，"坚持精准治污、科学治污、依法治污，持续深入打好蓝天、碧水、净土保卫战"，这为我国打赢碧水保卫战指明了科学方向。一是注重"靶向治疗",做好流域系统施策顶层谋划。一方面,将系统观念融入水资源开发、水环境保护、水系统管理的各个环节,立足全流域统筹规划、各行政区协同推进的思路,找准问题突出和污染互相影响的地区,针对时间、对象、区位等不同因素,统筹安排、因地制宜、共同治理。另一方面,既要开展专业性的水利工程建设,又要重视法治、监管、科技等非工程措施,增强各项措施的相互关联性和耦合性,推动污水治理协同增效。二是坚持强力推动点源、线源、面源、内源"四源同治",实施流域污染综合防治行动。有序推进城乡点源污染整治,加快推进城乡社区雨污分流,扎实完善农村生活污水治理,实施城乡一体化水体污染提质增效行动。以深化流域线源污染清整,全面推进清水型河流保护性治理工程。同时,加强农业面源污染治理,优化调整种植结构与布局,推进化肥农药施用控制与治理工程。与此同时,创新内源污染的物理、化学与生物修复技术,推进污染较重河流和城乡黑臭水体综合治理,逐步实现恢复水体生态系统自净能力。三是严守生态保护红线、环境质量底线、资源利用上线这"三条红线",制定流域生态环境质量标准。统筹考虑自然生态整体性和系统性,落实水环境保护法等相关法律法规,科学划定水生态保护红线,建立流域水、生物多样性等环境质量底线管理制度与实行流域水资源消耗总量强度双控的资源利用上线制度,进一步强化生态环境准入清单的刚性约束力,建立健全水生态保护管控制度和激励措施,推进水生态文明领域制度集成创新。

在"江河湖库"中打造水生态空间，实现"有鱼有草"。坚持以保护水生生物多样性为手段、以江河湖库为治理主体，打造"水清、岸绿、河畅、景美"的水生态空间。一是摸清生态底数，统筹水生态空间情势。开展水生生物多样性资源与水生态空间基础信息本底调查，通过现场勘测、生态监测等手段，把握水资源、水环境、水生态情势，摸清江河湖库水自然资源底数、底图、底盘，系统分析水生态空间本底状况和短板弱项，构建水生态空间基础数据库、动态图、监测网。二是开拓联通水系，增强水生态空间联系。坚持近自然恢复与人工连通相结合原则，以调蓄工程与引排工程为依托，以水资源紧缺、水环境恶化、水生态脆弱地区为重点，综合山水林田湖草沙等生态要素有序布局，加强对流域水资源、水环境、水生态保护统一规划、统一调配和综合管理，打造互联互通、绿色生态廊道，形成以江河湖库为单位、水系连通的合理布局。三是推进水生态修复，保护水生生物多样性。从生态系统整体性和流域系统性出发，加大江河湖库岸线植树种草、封育保护力度，科学划定生态缓冲带及生态修复重点区域，编制生态保护修复实施方案。按照《长江生物多样性保护实施方案（2021—2025年）》提出的修复重要水生生物关键栖息地、健全水生生物资源及栖息地监测体系等重点任务，统筹提升水资源总量、水环境容量与水生态质量，着力打造"水下森林"。四是坚持长效治理，维护水生态空间发展。一方面，既要注重文化建设在长效治理的引领作用，继承与弘扬"大禹精神""都江堰精神"等重要治水精神，充分挖掘水文化遗产的历史文化价值与科学研究价值。另一方面，又要坚持制度建设在长效治理中的关键地位，探索长效稳定、多渠道融资的资金投入机制，将生态优势转化为经济和发展优势，着力推动各地开展区域再生水循环利用试点，不断提升水的生态品质，破解生态用水保障的难题。同时，建立水生态文明绩效考核和责任追究制度，以政府督办和社会监督为重点，全面推进"三水统筹"治理成效评估机制。

在"河湖长制"下构建治理新格局，实现"人水和谐"。以全面推行河湖长制为抓手，持续探索河湖永葆水清岸绿之道，在河湖领域实现"人水和谐"生态格局。一是以多级管控为保障，聚焦"人水和谐"体系化。一方面，持续优化市、区、镇街、村（社区）多层级水管理的架构，形成各级河湖长"一荣俱荣，一损俱损"的治水生态链。另一方面，按照流域生态功能需要和生态环境分区管控体系，既要梳理、细化各级河湖长的职责清单，构建上下贯通、有机衔接的责任体系，又要发挥河湖长制的牵头抓总作用，协同形成水治理的"龙头力量"。二是以智慧监测为引领，助推"人水和谐"数字化。一方面，依托物联网、云计算等智慧监测高新技术手段，将"三水统筹"治理链连上"大数据"，打造"互联网+河湖长制"信息化系统。另一方面，绘制上下游、左右岸、水下岸上全流域的"电子地图"，建设"水陆统筹、天地一体、点面结合"一体化监测网络,进一步破除"数据孤岛"和"信息壁垒"。三是以风险管控为导向,推进"人水和谐"安全化。持续加强统筹顶层设计,完善水资源承载能力监测的预警机制、水环境变化风险的调控机制与水生态系统失衡的管控机制,把河湖的生态环境风险纳入河湖长制安全管理的常规工作中,增强防范水风险的责任担当,推动防范水安全风险的"韧性"整体跃升。四是以共治共享为主调,营造"人水和谐"全民化。一方面,探索立体化的河湖宣传机制,利用"世界水日""中国水周"和主流媒体等途径,增强公众对河湖保护的责任意识。同时,建立区域、部门协作机制,全面推广"企业河湖长制",推动企业从"旁观治水"向"责任治水"转变。另一方面,不断拓宽公民多元参与的互动渠道,积极推进社会组织开展爱河护水志愿服务行动、创新系列民间河湖长制等民水互动形式,让人民群众真正成为"人水和谐"发展成果的参与者、治理者与共享者,共同建设人水和谐共生的美丽中国。

(作者:罗贤宇 林瑜臻)

如何正确理解海湾综合治理的深刻内涵?

海岸带是陆地和海洋之间的过渡带,既包括了沿岸陆地环境,也包括了海洋环境,拥有近1/4的全球初级生产力,提供约90%的世界渔获量,是资源种类最丰富的区域,是承接陆地向海洋的关键区域。随着国土开发强度的增加,临海工业、港口布局、资源开发等不断加强,海岸带地区的经济开发和产业集聚趋势愈加明显。为此,加强陆海统筹协调发展,要把海岸带作为治理的关键,把海洋生态红线、海洋功能区划、海洋环境功能区划等纳入"多规合一"的内容,还海岸带以自然和美丽,打造别具特色的蓝色海湾人文景观。

一、陆海统筹发展面临的主要问题

长期以来,由于陆海空间分割,陆海发展缺乏有效的统筹协调,重海岸带开发,轻生态环境保护,海域与陆域在资源环境承载能力、产业布局和发展定位等方面缺少统筹协调和衔接,特别是近海的围海养殖、过度开发，美丽的海岸带遭遇着严重的生态危机。

首先，过度围填海，造成海洋生态系统的严重破坏。围海造地等造成海岸线平直化，生物多样性锐减。为破解陆域建设空间不足的困境，围海造地成为拓展发展空间、缓解人地矛盾的重要手段。据有关数据统计，近10年来，我国围填海面积超过30万公顷，自然海岸线受损比例约占2/3。过度围填海和开发，不仅导致湿地、滩涂消失，幼虾、仔鱼等海洋生物繁衍生息的环境遭到破坏，还破坏了红树林、珊瑚礁的生存环境，造成海岸线退缩、岛礁消失、风暴潮肆虐，直接威胁到沿海居民的生产、生活与居住等。

其次，海岸带过度养殖，海洋的环境污染严重。据中国渔业最新资料统计，我国海水可养殖总面积达260万公顷，为世界第一，占全部用海确权面积的70%以上。近海岸的水产品过度养殖，加剧了海洋生态环境的污染。在海水鱼类养殖中，超过80%的磷和碳以及超过50%的氮通过残饵、排泄等入海，海水富营养化严重，我国多个海域赤潮和浒苔频繁发生。

最后，陆源污染入海，造成海洋生态环境持续恶化。河流是连接陆地和海洋的桥梁和纽带。由于陆地污染入河汇海，我国典型海洋生态系统健康状况不佳，近海2/3的海域处于亚健康状态。其中，在我国受监测的442个陆源入海排污口中，工业排污口占42.8%，生活排污口占12.3%，其他类排污口占44.6%，全年入海污水排放量71.3亿吨，排污口达标排放次数仅占监测总次数的60%左右。同时，对全国193个入海河流断面开展的监测结果表明，三类以上水质断面有149个，占77.2%。受监测的7个河口生态系统均呈现亚健康状态，多数河口海水富营养化严重。可以说，陆源入河口环境污染是导致海洋生态环境恶化的重要原因。

二、综合治理是海岸带陆海统筹的重点

随着人类海洋活动的增加，海洋生态安全日趋严峻，已成为国家战略性问题和制约海洋可持续发展的瓶颈。海洋强国战略的推进，离不开国家海洋生态治理体系的支撑与保障。实现国家海洋生态治理体系现代化将是一个长期的过程，也是推进国家治理现代化的重要内容。

首先，加强顶层设计，制定陆海统筹发展的战略规划。将陆地和海洋当作一个有机整体，不仅要加快编制陆海统筹发展规划，还要加快编制统一的国土空间规划体系，以国土空间规划为基础，以用途管制为手段，实现陆海国土空间统筹管理的全域覆盖。同时，严格控制海岸带的开发活动，共抓海岸带大保护，不搞大开发，特别是要禁止破坏性开发，实现海岸带在发展中保护、在保护中发展。

其次，统筹陆海空间开发，解决发展不平衡的问题。我国是世界上利用海洋最早的国家之一。但长期以来，对海洋的利用不平衡，对海岸带、浅海的利用过度，对远洋、深海的开发利用不

足。为此，从国家资源安全和可持续发展的角度考量，需加强海洋与陆地之间的相互协调，实现陆海空间相互补充、陆海发展并举。在持续优化国土空间开发结构的基础上，推动海洋经济向深海远洋、极地延伸，以强化远海和深海开发，使陆域获得更多的休养生息空间。同时，加强近海和浅海空间保护和生态修复，实现中华民族宝贵资源的永续发展。

再次，统筹陆域与海域建设审批，严控海岸带开发建设。一方面，要从土地的合理利用、保护海洋生态环境和防治自然灾害等角度统筹进行围海造地的规划和评估，避免海洋生态环境持续退化。另一方面，还要彻底改变陆海分割的建设审批体制，以国土空间基础信息平台为基础，统筹陆域空间和海域空间开发建设。同时，坚守海洋生态红线，严格执行除国家重点项目外一律不准搞围填海的规定，拯救海洋生态链。

最后，以海制陆，实现陆海联动发展。以海洋生态环境容量确定陆域空间经济规模，促进海洋生态修复。也就是说，从河海是一个生命共同体角度，实行治海先治河、治河先治污、河海共治模式。一方面，在开展区域、流域和海域水体污染综合防控时，从源头上控制海洋污染，改善海域生态环境质量。另一方面，在加强河流入海口的常态化监测时，要以河流和海域污染物总量控制为抓手，倒逼陆域产业结构优化升级。

（作者：马永欢　吴初国）

9 如何理解构建和完善国家海洋治理体系?

随着人类海洋活动的增加，海洋生态安全日趋严峻，已成为国家战略性问题和制约海洋可持续发展的瓶颈。海洋强国战略的推进，离不开国家海洋治理体系的支撑与保障，国家海洋治理体系的现代化是海洋强国建设的重要目标，二者形成了相互依存的耦合关系，是建设海洋强国的必由之路。实现国家海洋治理体系现代化将是一个长期的过程，也是推进国家治理现代化的重要内容。

全球海洋治理是处于时刻变化之中的，这种变化既包括积极的、正面的发展，也可能会伴有消极的、波动性的挫折。因而，对全球海洋治理的实践态势进行持续的追踪具有十分重要的意义，这是全球海洋治理体系中不可或缺的重要内容。

一、国家海洋治理体系的内涵与构成

国家海洋治理体系与国家治理体系一脉相承。从系统论的角度来看，国家海洋治理体系连结了宏观层面的国家治理与微观层

面的海洋治理，它既是国家治理体系这一大系统中不可或缺的组成部分，并与其他领域的治理体系交互作用，同时也包含着海洋管理体制、海洋生态文明建设、海洋权益维护、海上执法等多个子系统，起着承上启下的关键作用。国家海洋治理体系中的"体系"含义体现在两个方面。

一方面，在构成元素上，国家海洋治理体系是由治理主体、治理客体、治理目标、治理手段等多种元素构成的集合体，是实现有效管理海洋事务、发展海洋事业、建设海洋强国等目标，综合运用法律、政治、经济、行政等多种手段来处理海洋经济、海洋生态环境、海上执法、海洋维权等各类涉海事务的动态过程。另一方面，在涵盖要素上，国家海洋治理体系至少包含四类基本要素：一是海洋法律法规，如《海岛保护法》《海洋环境保护法》《海洋倾废管理条例》等；二是海洋治理制度，如正在推行的湾长制、海洋生态红线制度、海洋督察制度等；三是海洋管理机构，既承担海洋管理职能的自然资源部、生态环境部、农业农村部、海警部队等；四是海洋管理体制机制，如海警部队内部的领导指挥体制、中央与地方海洋管理机构的关系、海上执法队伍与海洋管理机构间的协调机制等。

构建国家海洋治理体系是一项复杂的系统工程，需要从主观与客观、对内与对外、发展与保护等多个层面协同推进。在中国特色社会主义进入新时代的历史方位下，国家海洋治理体系的建设进入新的阶段。

首先，顶层设计的高位推动与明确指引是构建国家海洋治理体系最为有力的支撑。党的十八大提出的海洋强国战略是我国海洋事业发展史上的一个重大转折，有助于海洋在国民经济社会发展中占据更加重要的地位。而自党的十八届三中全会明确提出"推进国家治理体系和治理能力现代化"以来，国家治理体系建设受到党和政府的高度关注，成为我国各项工作的中心目标。

其次，构建国家海洋治理体系受到一系列现实因素的推动。比如，国家海洋治理体系涵盖海洋法律、制度、体制等多类要素，这些要素在近年来均得到长足的提升。又如，新一轮政府机构改革在很大程度上重塑了我国的海洋管理体制，解决了以往多头管理、陆海分割等弊端，强化了治理效能；国家陆续制定或修订《深海海底区域资源勘探开发法》《海洋环境保护法》《涉外海洋科学研究管理规定》等，优化了我国的海洋法律体系，正在不断为国家海洋治理体系筑牢根基。

最后，构建国家海洋治理体系具有坚实的海洋实力依托。国家发展改革委、自然资源部发布的《中国海洋经济发展报告2019》显示，2018年我国海洋经济总量达8.3万亿元，同比增速为6.7%，海洋生产总值占国内生产总值的9.3%。与此同时，我国正在大力实施"透明海洋""蓝色药库"等大科学计划，海洋生态文明、海洋命运共同体等治理理念逐步深入人心，等等。持续增强的海洋硬实力与海洋软实力为国家海洋治理体系的构建奠定了坚实的基础，提供了源源不断的动力。

我们也要有清醒的认识。从国内角度看，当前最大的难题是我国海洋治理体系的水平与现代化的目标还有很大的差距，具体表现为海洋生态环境质量恶化的趋势尚未得到扭转，赤潮、绿潮等海洋生态灾害频发；海洋科技创新体系仍显薄弱，陆海统筹发展水平整体较低；部分地方政府的海洋管理职责划分不清，"多龙治海"的现象仍然存在；海上维权执法的形势依旧严峻，基层执法力量不足；等等。从国际角度看，当今国际海洋竞争日趋激烈，全球海洋治理正步入深度改革期与复杂博弈期，全球海洋形势的变幻使我国在岛礁主权谈判、海洋维权、区域海洋合作等领域面临着更大的压力，给国家海洋治理体系的构建增添了外部的不确定性。

二、完善和推进国家海洋治理体系的路径

随着人类海洋活动的增加，海洋生态安全问题日趋严峻，已成为国家战略性问题和海洋可持续发展的核心，实现国家海洋治理体系现代化将是一个长期的过程。具体而言，可以通过以下路径来加快完善和推进国家海洋治理体系。

第一，以大力发展海洋实力为根本，为国家海洋治理体系的构建提供动力支持，在海洋经济和海洋科技两大关键领域重点突破。一方面，要提高海洋开发能力，培育壮大海洋战略性新兴产业，优化海洋产业结构，使海洋经济成为国民经济的支柱产业；

另一方面，要着重发展海洋科技中的"卡脖子"技术，在深水、绿色、安全的海洋高技术领域取得突破，推进海洋经济转型过程中急需的核心技术和关键共性技术的研究开发。

第二，以海洋治理制度，特别是法律制度为重心。应根据政府机构改革后的机构设置、职能配置与权责关系状况，调整或重构海洋督察制度、湾长制等既有治理制度，并不断创新制度模式，完善海洋治理体系的顶层设计。同时，应尽快启动海洋基本法、海警法、海洋环境保护法等法律法规的制定或修订工作，以达到我国海洋法律体系的与时俱进和系统优化。

第三，以深化海洋管理体制改革为着力点。一是重点理顺生态环境、自然资源以及海警部队等机构存在的职能冲突现象，明晰界定各涉海部门间的职责边界；二是鼓励沿海地区因地制宜设置海洋管理机构，建立跨部门的海洋事务议事协调机构或机制；三是将改革的重心向基层倾斜，充实基层地区的物资装备水平和一线执法队伍，增强"末梢环节"的海洋管理与执法能力。

第四，以深度融入全球海洋治理为支撑。要抓住全球海洋治理变革的有利时机，积极参与并主导全球海洋治理体系的改革进程。此外，要倡导与国际社会共建蓝色伙伴关系和海洋命运共同体，以全球海洋治理体系的变革来为国家海洋治理体系注入增量，扩展中国海洋治理体系的覆盖领域和作用范围。

（作者：崔　野）

如何筑牢黄河流域生态屏障?

　　黄河连接青藏高原、黄土高原、华北平原,拥有三江源、祁连山等多个国家公园和国家重点生态功能区。保护好黄河就是对我国生态安全作出重要贡献。黄河源区具有强大的水源涵养和水源补给功能,上中游以其有限的水资源改善黄土高原和荒漠戈壁的脆弱生态环境,下游为沿黄地区经济社会发展提供重要客水资源。黄河流域既构成我国重要的生态屏障,同时也是我国重要的经济地带,13个粮食主产区有4个分布在此,有18个地市的53个县被列入全国产粮大县,国家规划建设的5大重点能源基地有3个位于该区域。

　　目前,黄河流域自然生态仍很脆弱。黄河流域的水资源紧缺和生态环境退化问题,表象在黄河,根子在流域——这其中既有黄河流经我国西北部干旱少雨地区的先天因素制约,也有沿黄河地区水资源利用粗放、效率不高的后天失调影响。传统粗放的经济发展方式,使得黄河流域存在一些突出问题:流域沿线省份特别是上中游地区,目前的工农业生产方式大多仍沿用传统高资源消耗、高污染排放的模式，产业结构和布局不尽合理，对水资源需求较高的农业、工业产业门类仍占主导，煤炭、有色金属等重化工业仍占有相当高的比重；水资源过度开发，特别是在水资源严重短缺的情况下，经济发展与生态保护"争水"现象十分突出，生态用水被大量挤占……可见，如不能根本转变经济发展方式和强化生态保护治理，黄河流域将面临整体性、系统性生态退化的风险。因此，在实施黄河流域生态保护和高质量发展重大战略中，必须把实现黄河生态振兴作为重要目标，努力构建林草为主、河湖和谐的自然生态系统，形成健康稳定的生态安全格局。

筑牢区域生态屏障体系。结合国家"两屏三带"生态安全战略布局，实施青藏高原、北方防沙带等重要生态保护修复工程，统筹优化生态安全屏障体系。在青藏高原地区，以提升水源涵养和补水功能为重点，突出抓好源头和重要补水区域（上游川甘青地区）的天然林、草原、湿地和冰川冻土的全面保护，增强高原生态系统稳定性，确保中华水塔安全稳固。实施江河源水源涵养、湟水规模化林场等重大项目。在黄土高原地区，以保土和护土为重点，突出抓好高原沟壑区、多沙粗沙区的生态修复，提高林草植被覆盖度和水土保持率，治理沙化土地，控制入黄泥沙量。持续推进百万亩造林基地等重大项目。在内蒙古高原地区，以增绿和强绿为重点，突出抓好库布其沙漠、河套平原等风沙、农田以及农牧交错带区域的生态治理，保护和恢复草原、森林生态功能，加大沙化土地综合治理和封禁保护力度。实施乌梁素海生态保护修复、输沙区绿化等重大项目。

构建流域生态廊道体系。统筹上中下游、干支流，着力构建绿色生态廊道、草地生态缓冲带、湿地网络。在干流和汾河、渭河等重点支流两侧，以水定绿、以绿护水，构建林水和谐、林草融合、健康稳定的绿色生态廊道。抓住区域变暖变湿的机遇和因素，持续开展国土绿化，科学实施三北防护林、退耕还林还草等工程，合理布局和建设草地生态缓冲带，应绿尽绿、应退尽退，建设适宜的人工林草复层混交植被系统。在黄河沿线地区，完善湿地、湖泊、河流等水系网络，促进生态系统休养生息。合理增加湿地生态补水和工程调水，提升湿地、河湖水系连通能力，推进蓄滞洪区、滩涂高盐湿地生态修复，大力开展水库、滩区绿化。

建设以国家公园为主的自然保护地体系。形成以国家公园为主体、自然保护区为基础、各类自然公园为补充的自然保护地体系，确保黄河流域重要自然生态系统、自然遗迹、自然景观和生物多样性得到全面保护。抓好国家公园试点，继续抓好三江源国家公园、祁连山国家公园体制试点，加快推进勘界定标、资源管护、生态修复、监管监测等建设。增加国家公园数量，出台全国国家公园总体布局方案，在黄河流域研究建立秦岭、若尔盖、青海湖、大青山、六盘山、黄河口等国家公园。健全国家公园制度，统筹自然资源和生态全要素，加强国家公园山水林田湖草沙一体化综合治理和珍稀野生动植物保护，提高生物多样性。

总之，黄河流域大保护大治理是复杂的系统工程，黄河水生态问题也系长期积累造成，保护和治理不能急于求成，但必须要有紧迫感。只有高质量做好黄河流域大保护大治理的顶层设计，发扬钉钉子精神，脚踏实地，加快山水林田湖草沙综合治理和自然保护地整合优化，构建黄河流域健康安全的森林、草原、湿地生态系统和国家公园体系，提升稳定性和整体功能，为经济社会发展创造更好的生态条件，才能为人民群众提供更多优质的生态产品。

（作者：闫　振）

如何正确理解"共抓大保护、不搞大开发"?

2016年1月5日，习近平总书记在深入推动长江经济带发展座谈会上指出，推动长江经济带发展必须从中华民族长远利益考虑，把修复长江生态环境摆在压倒性位置，共抓大保护、不搞大开发……探索出一条生态优先、绿色发展新路子。推动长江经济带发展是党中央作出的重大决策，是关系国家发展全局的重大战略。落实长江经济带发展，要全面正确理解习近平总书记的重要讲话精神，科学准确把握其精神实质。

首先，要处理好发展与保护的辩证关系。2018年4月，习近平总书记在武汉主持召开的深入推动长江经济带发展座谈会上进一步阐述了共抓大保护、不搞大开发和生态优先、绿色发展的关系。共抓大保护和生态优先讲的是生态环境保护问题，是前提；不搞大开发和生态优先、绿色发展讲的是经济发展问题，是结果。共抓大保护、不搞大开发侧重当前和策略方法；生态优先、绿色发展强调未来和方向路径，彼此辩证统一。习近平总书记讲话的核心要义是处理好发展与保护的关系，运用绿水青山就是金山银山的"两山"理论实现发展与保护的协调统一。发展与保护两个方面都重要，而且是内在一致的，不能只强调一个方面偏废另一个方面而把二者割裂开来，更不能对立起来。

其次，处理好生态与高质量发展之间的关系。习近平总书记指出，发展是解决一切问题的基础和关键。长江经济带面积占全国的21%，人口和经济总量均超过全国的40%，在全国经济社会发展中具有重要的地位和作用。发展是长江经济带的着力点和主旋律，这一点要保持清醒的认识。2018年4月，习近平总书记再次考察长江经济带发展时指出，生态环境保护和经济发展不是矛盾对立的关系，而是辩证统一的关系。生态环境保护的成败归根到底取决于经济结构和经济发展方式。要坚持在发展中保护、在保护中发展，不能把生态环境保护和经济发展割裂开来，更不能对立起来。因此，长江经济带发展不能再走"先污染、后治理"的老路，要在新发展理念的指引下转变经济发展方式，实现绿色、高质量发展，长江经济带的优势条件决定了要在全国经济社会发展中起到战略支柱和示范引领作用。

最后，用生态文明理念来看环境保护与大发展的关系。生态文明既是对传统发展模式的深刻反思和升华，又是对未来持续发展的美好向往和憧憬。生态文明不是不要发展，不搞工业文明，放弃对物质生活追求，回到原生态的生产生活方式，而是在吸收借鉴人类一切文明成果尤其是工业文明成果的基础上，以解决工业文明所固有的环境与发展矛盾为根本目的，致力于在更高层次上实现人与自然、环境与经济、人与社会和谐的新型文明。通过立规矩，倒逼产业转型升级，在坚持生态保护的前提下，发展适合的产业，实现科学发展、有序发展、高质量发展。它为统筹解决经济社会发展与资源环境问题提供了全新的指导理念和实践取向，开辟了无限广阔的发展空间。因此，先进的生态伦理观念是价值取向，发达的生态经济是物质基础，完善的生态文明制度是激励约束机制，可靠的生态安全是必保底线，良好的生态环境是根本目的。生态环境保护的出发点是为了保障人民群众的长远利益，为经济可持续发展提供强有力的生态保障。

总之，正确理解"共抓大保护、不搞大开发"的理念，要求我们要把经济可持续发展和生态环境容量之间的辩证关系搞明白。不搞大开发，是要防止一哄而上，刹住无序开发、破坏性开发和超范围开发，实现科学、绿色、可持续的发展，实现人与自然、环境与经济、人与社会和谐共生。

（作者：王殿常）

12 如何推进长江上游经济带生态环境治理?

长江经济带横贯我国东部沿海到西部内陆的多个发展梯度，以共抓大保护推进长江经济带高质量发展进而实现我国经济社会发展提质增效，是长江经济带发展战略的目标导向。同时，长江上游经济带主要涉及重庆、四川、云南、贵州等省（市），4省（市）占地面积、常住人口和经济总量分别占长江经济带的55%、33%和24%，既是长江经济带建设的难点区域，也是长江流域乃至全国的重要生态屏障区，事关我国生态文明建设全局。近年来，长江上游经济带生态环境保护工作取得了积极进展，但是距离水环境和水生态质量全面改善、生态系统功能显著增强的目标要求仍有一定差距，表现在废水排放总量较大、湖泊富营养化严重、水土流失和荒漠化凸显、水环境风险隐患突出、多种珍稀物种濒临灭绝等，生态环境治理体系不健全是其重要原因。

针对长江上游经济带生态环境亟待解决的问题，习近平总书记明确指出，治好"长江病"，要科学运用中医整体观，追根溯源、诊断病因、找准病根。现阶段，长江上游经济带生态环境保护的主要矛盾已转变为人民对优质水资源、宜居水环境、健康水生态的更高层次需求与流域生态环境治理体系和治理能力不足之间的矛盾。在此背景下，长江上游经济带生态环境治理体系存在的问题包括：一是生态环境保护规划体系有待改进。各部门编制的流域/跨区域生态环境保护规划协调不畅，相关领域在"十三五"规划中缺少有力的生态抓手。二是多方参与的责任体系有待加强。不同层级政府机构的事权划分不够清晰，企业的生态环境保护主体责任落实不够，公众参与的范围和深度不足。三是生态环境保护资金投入机制有待健全。地方财政无法满足长江上游经济带生态环境保护巨大的资金需求，社会资本对生态环境保护领域的投入严重不足。四是跨区域、跨部门的生态环境保护协调机制有待完善。流域/跨区域机构的生态环境保护协调机制尚未形成，跨区域尤其是跨省协调力度有待加强。

推进长江上游经济带生态环境治理需"对症下药"。从总体来看，长江上游经济带生态环境治理体系建设已进入攻坚期和深水区，过去单项突破或局部突进的改革方式已难以适应新形势的要求，必须针对病根、分类施策、系统治疗。长江上游经济带生态环境治理体系的完善方向是：从生态系统整体性和长江上游流域系统性出发，强化顶层设计、实施多元共治、完善市场机制、开展综合协调，共抓大保护、不搞大开发，为推动长江上游经济带生态环境根本好转、建设美丽中国提供有力制度保障。

首先，建立生态环境保护规划体系。一是编制生态环境保

"1+N"规划体系。制定长江上游经济带生态环境保护综合规划，明确有关各方在规划编制和实施中的重点任务；制定涉水生态空间管控、涉水生态保护修复、水污染防治、水资源利用、水生态环境风险防范等专业规划。二是准确把握"十四五"相关规划定位。"十四五"流域/跨区域生态环境保护相关规划需要污染减排和生态扩容同时发力，统筹水资源、水生态和水环境保护；规划编制从问题分析、目标制定、任务设计到项目筛选，要坚持山水林田湖草沙是一个生命共同体的科学理念，将"三水统筹"贯穿全过程，分析和解决重点流域/跨区域涉水生态环境保护问题。

其次，构建多元共治的生态环境治理体系。一是健全政府领导责任。根据习近平总书记在深入推动长江经济带发展座谈会上的重要讲话精神、《长江经济带发展规划纲要》、有关部门和机构"三定"方案，结合各地区实际，分类细化流域/跨区域机构、有关省级行政区相关部门的责任清单，明确底线要求。二是完善企业主体责任。对在沿江地区设置的各类开发区和工业园区，强制建设高标准、全覆盖的污水处理系统，严格规范长江沿岸排污口设置，确保工业污水零直排；将企业执行排污许可制度情况纳入企业信用记录，对失信企业进行跨地区、跨行业、跨领域的联合惩戒。三是深化全民参与。由相关领域专家和社会组织代表等组成独立的咨询委员会，在公共决策、规划编制、政策制定、考核问责等方面为流域生态环境综合保护提供科学支撑；健全公示、举报、听证、舆论和公众监督等制度，合理利用各种媒体平台，扩展公众了解和参与生态环境管理决策的途径和方式。

再次，健全生态环境保护的资金机制。一是设立长江上游经济带生态保护修复基金。发挥财政资金撬动作用，吸引社会资本投入，实现市场化运作、滚动增值。采取债权和股权相结合的方式，重点支持长江上游环境污染治理、退田还湖、疏浚清淤、水域和植被恢复、湿地建设和保护、水土保持等项目融资，降低融资成本与难度。二是建立流域生态产品价值实现机制，让生态环境保护者在守住绿水青山的同时，能够收获金山银山。在生态环境整治完成后，将生态农业、生态工业、生态康养、生态旅游等生态友好型产业进行融合，锻造生态产业链。积极培育生态产业化经营主体，将现代生态产业与传统农林牧渔产业进行融合，发展"生态+"的新业态。三是建立流域生态产品市场交易机制。建立流域生态产品产权抵质押贷款、证券化、远期交易、股权交易等制度，激活生态产品市场；搭建流域生态产品交易平台，充分利用互联网、物联网、大数据等，降低生态产品生产、交易与消费成本。

最后，建立和完善生态环境综合治理保护协调机制。一是统一协调。协调流域/跨区域生态环境保护机构/机制及相关地方政府，进行长江上游经济带生态环境保护综合协商。二是统一监测。建立统一的流域生态环境监测网络，整合优化现有监测点位，按照统一标准开展监测，强化数据开放共享。三是统一监管。推进长江上游经济带山水林田湖草沙联合执法，加强行政执法与刑事司法的衔接，提高对生态环境违法行为的震慑力度。四是统一评估。以流域生态环境保护的相关法律、规划、政策等为依据，对有关各方开展绩效评估，强化评估结果运用。五是推进水污染防治"岸上水里"彻底打通。按照水质要求重新核算不同水域的纳污能力，查清长江上游经济带主要排污口的数量、位置，明确污染物类型及其排放来源，制定有针对性、分步骤的排污口整治方案。

（作者：张丛林　乔海娟）

13 如何正确理解完善草原可持续有效生态补偿机制？

草原是以草为主导的生境，是一个没有木本种类的低矮植物覆盖的植物群落，是地球的"皮肤"，是我们的绿色家园。作为生产资料，草原养育了千百万牧民群众，为我们提供了栖息的绿色家园。然而，过去相当长一段时间，由于追求短期经济效益，草原不断被"蚕食"，面积萎缩，退化、沙化、石漠化等问题比较突出。近年来，虽然随着生态补偿机制的不断深入推进，草原植被恢复和环境保护取得明显进展，但相关法制建设滞后、补偿指标体系补偿机制不科学、市场化生态补偿机制建立难和建立后运转不良、分头管理分散补偿现象突出等一系列问题也不断显现。因此，加强生态保护补偿机制基础研究，科学完善补偿指标体系，在制度层面有针对性地分别制定国家和地方性生态补偿制度以及分领域实施生态保护补偿制度等重要而迫切。只有如此，才能逐步形成和完善国家统筹、系统完备、科学规范、行之有效的生态保护补偿制度体系，为草原生态保护补偿提供可靠的法治保障。

一、完善生态补偿机制解决保护有失公平问题

健康的生态系统及其所供给的服务有助于维持和增加人类福祉，是人类生存繁衍和社会经济发展的基础。我国有超过60亿亩草地，主要分布在内蒙古、新疆、西藏、青海、甘肃、四川等地，是一笔宝贵的财富。然而，过去由于追求发展，草原违法征占用、过度开发、无序开发以及家畜超载过牧等现象非常普遍。

草原作为绿色生态环境的一种，不仅具有较高的观赏性，同时也对草原畜牧行业的发展有着积极的影响。积极加强草原生态保护，改善草原地区的生态环境，优化草原高质量发展，对于提高畜牧产量，促进当地的经济发展有着极为重要的作用，是促进生态生产生活良性循环的多赢之举，将极大改良土壤、改善水环境、净化空气，产生广泛的溢出效应。

生态补偿机制是以保护和可持续利用生态系统为目的，以经济手段为主调节相关者利益关系的制度安排。草原生态保护呼吁有效的生态补偿，使"受益者付费和破坏者付费"原则在草原生态保护中成为一种"刚性"要求。2010年10月，国务院作出决定，在全国8个主要草原牧区省份实施草原生态保护补助奖励政策，中央财政连续5年每年投入136亿元用于草原生态补偿。各地草场通过实施草原生态补偿政策，在努力实现传统粗放式经济增长模式转化为集约型经济生产方式，推动草原生态经济发展方

面取得了明显成效。

当然，建立健全并有效实施生态补偿机制不是一蹴而就的，促进草原生态保护权益公平的实现需要付出更大的努力，尤其需要提高牧区草原生态补偿标准，而且要充分考虑地区的不同、草原生长能力的不同，相应的牧民畜牧业生产经营方式也不同等因素造成的差异性。只有不断强化生态文明建设的理念，严格实施科学的生态补偿制度，才能逐步解决草原生态保护方面的不公平问题。

二、生态补偿机制构建应以保护和可持续为目的

党的十八大以来，国家对健全和完善生态补偿机制作出了一系列重要决策部署，党的十九届四中全会进一步要求落实生态补偿制度。生态环境具有区域性、整体性、时空连续性、资源公共性和经济价值性。生态补偿机制就是按照"谁受益、谁付费，谁保护、谁受偿"的原则，将保护成本以及为保护而放弃的产业发展机会成本补偿给保护主体。当然，"环境账""经济账"不是那么容易算清的，不然也不会出现那么多生态补偿各方因出资比例、资金分配比例无法达成共识而导致补偿标准不合理不科学的现象。

出现这些问题不仅是因为我国生态系统服务价值测算、生态环境监测评估等支撑不足，更反映出我国生态保护补偿法治建设相对滞后。从生态补偿机制具体来看，补偿的内涵包括：以保护

生态环境、促进人与自然和谐共生为目的；遵循受益者付费、保护者得到补偿，以及成本共担、效益共享、合作共治的补偿逻辑；综合考虑生态系统服务价值、生态建设成本、发展机会成本、支付意愿与条件，兼顾各方利益，激励生态保护；充分考虑区域公平与效率，利于促进自然资源优化配置和区域协调发展；政府主导、市场化机制、企业和社会组织团体多方参与，采用资金、技术、人才、项目等多形式补偿，涵括行政区级纵向补偿和无行政隶属关系的跨地区横向补偿。

为此，生态环境补偿不能仅仅依赖中央和地方政府财政拨款投入，而是应构建以企业为主体、以市场为枢纽、以专业化为平台的多元化补偿市场机制。借鉴国际"生态银行"实践模式，建立储备交易和政策性银行、商业银行、投资基金相辅相成的多元化"生态银行"体系。同时，建立生态资产与生态产品的交易平台，完善生态资源产权交易市场。发挥中央的协调统筹和引导作用，保持政策的连贯性和稳定性，建立生态补偿长效机制，体现国家对全民所有公共产品的保护。草原生态补偿不仅考验政府的公共治理能力，检验保护良好生态的责任担当，也彰显着党始终坚持以人民为中心的执政理念。

三、生态补偿机制为草原高质量发展提供了保障

党的十九大报告指出，我国经济已由高速增长阶段转向高质

量发展阶段。严格实施生态补偿制度，就是让"受益者付费"的基本原则落到实处。对草原地区来说，生态环境质量有没有改善，是判断绿色发展水平是否提升的重要标志之一，是实现未来草原生态环境质量总体改善目标的关键所在。从某些意义上来讲，生态补偿作为平衡保护与发展关系的主要措施和改善民生的重要抓手，是补位和推动草原高质量发展的路径机制，为生态环保主动适应、融入、推动、引领草原高质量发展提供了重要机制保障。

生态补偿的核心在于以经济手段为主调节生态保护者与受益者之间的利益关系，促进生态建设活动，调动生态保护积极性。实施草原生态补偿，推动草原经济高质量发展，必须克服经济发展的短视行为，彻底转变唯GDP论英雄的政绩观，真正树立起创新、协调、绿色、开放、共享的新发展理念。必须致力于建立和完善一系列制度机制，解决当前仍然存在的只顾当代发展不顾子孙后代生存，顾此失彼、寅吃卯粮、急功近利的问题；必须致力于解决不会算生态保护的大账、长远账、整体账、综合账的问题，切实推动草原经济社会生态均衡、协调、可持续发展。

坚持和完善草原生态补偿机制，实施科学有效的生态补偿，既要体现"谁受益、谁付费，谁损坏、谁赔偿"的原则，又要体现政府的调节作用和社会的参与作用。通过调动政府、市场、社会等各方面的积极性，筹措更多的资金，实施更精准的补偿，真正补齐影响经济高质量发展的"短板",在推动草原经济绿色发展的过程中,积极推动完善草原承包经营流转制度,积极推进划区轮牧和舍饲圈养,坚持以草定畜、草畜平衡,尽量不占用、少占用、短占用草原资源,不断提高草原资源利用效率,真正形成经济高质量发展的新动能。

实施科学有效的草原生态补偿,必须不断丰富和创新发展有效的补偿形式,包括政策、制度、实物、资金、技术等补偿方式。既要重视资金补偿的基础性作用,尤其在解决草原牧民基本生活方面的作用,在不降低农牧民生活水平的前提下,帮助农牧民转变生产方式,又要采取联动产业、人才技术、政策等多种补偿方式,加快扶贫开发,以促进草原所属区域经济的协同和协调发展,推动草原经济高质量发展。

实施草原生态补偿,推动草原经济高质量发展,是一项系统性工程,需要长期坚持不懈,久久为功。既要不断健全和完善生态文明宣传教育机制,不断增强生态补偿的价值共识,又要正视草原经济高质量发展的"短板"和难题,对标高质量发展的内在要求和指标体系,坚持在保护中发展、在发展中保护,还要不断优化市场环境、制度环境、政策环境,加大补偿力度和精准度,推动"欠账""短板"和"公平"问题的解决,依法治理草原,确保草原绿色家园更绿。

(作者:廖小明)

14 如何正确理解国土绿化工作?

　　森林和草原对国家生态安全具有基础性、战略性作用。长期以来,通过持续深入实施大规模国土绿化行动,我国森林面积和森林蓄积量连续30多年保持"双增长"。但我国总体上仍然是一个缺林少绿、生态脆弱的国家,林草资源总量不足、质量不高问题仍然存在。同时,随着林草资源的不断增长,自然条件好的宜林宜草空间已近饱和,继续大规模增加林草资源的难度越来越大,"在哪增绿""增何种绿""如何增绿""如何护绿"等成为社会各界广泛关注的问题。此外,一些地方在国土绿化过程中存在违背自然规律、经济规律、科学原则和群众意愿等方面的问题,影响了国土绿化的效率和质量。因此,开展大规模国土绿化行动不仅需要"增量""扩面",也需要"提质""增效";不仅要把绿色发展理念贯穿山水林田湖草沙系统治理的每一个环节,融入国土绿化高质量发展的每一个阶段,还需要科学增加林草资源数量,提升资源质量,构建稳定生态系统,筑牢生态安全屏障,美丽中国才能健康发展。

一、解决"在哪增绿"的问题

我国经过长期的生态治理，区域绿化格局发生了巨大改变，国土绿化规划也需因时而新。一方面，各级地方政府应遵循科学绿化的内在要求，从当地实际出发，编制地区绿化规划，并与国土空间规划相衔接，叠加至同级国土空间规划"一张图"，实现多规合一，以此确定绿化范围、绿化目标任务。另一方面，规划的设定应结合造林绿化空间、林草植被的适宜性评估，综合考虑土地利用类型、土地适应性等综合因素，科学划定绿化用地，明确绿化形式。具体在实际工作中，主要以荒山荒地荒滩、荒废和受损的山体、退化林地草地等为重点开展国土绿化。

二、解决"增何种绿"的问题

科学选择绿化的草种树种是科学开展大规模国土绿化行动的关键一环。一方面，应根据区域水资源的分布情况与植被的承载能力，遵循"宜乔则乔、宜灌则灌、宜草则草"的原则，以水定绿、量水而行，推广乔灌草相结合的绿化模式，真正做到因地制宜、适地适绿。另一方面，在增绿的过程中，要正确处理乡土树种草种与外来树种草种、混交林与单一纯林间的辩证关系。首先，乡土树种草种对生长环境具有天然适应性，具有成活率高、成本低的优势。其次，外来树种草种虽然在丰富生物多样性、改善生态环境等方面都发挥了重要的作用，但是这些树种草种所带来的潜在危险同样不可小觑。如何在开展国土绿化建设中正确发挥外来树种草种的作用，并避免其危害，是广大从业者需要思考的。由此，在绿化植物配置的规划中，应控制外来树种比例，做到以乡土树种为主、外来树种为辅，在提倡以使用乡土树种草种和营造混交林增强生态系统稳定性的同时，还需因势、因地而定。

三、解决"如何增绿"的问题

重点工程是国土绿化的主要载体，在生态治理中发挥着主体作用。根据《国务院办公厅关于科学绿化的指导意见》的指示精神，当前需主抓天然林保护工程，退耕还林还草工程，三北、长江、珠江等防护林体系建设工程，国家储备林建设工程，防治荒漠化工程，城乡造林绿化行动，森林质量精准提升工程，等等，做到以大工程带动国土绿化。一方面，应坚持系统观念，突破各重点工程单兵作战的困局，做到全国"一盘棋"，东中西部齐发力，城市乡村、山区草原协同推进，实现应绿尽绿。另一方面，也应盘活用好闲置土地资源，充分挖掘零星散地，见缝插绿，做到无死角、全覆盖。同时，严禁绿化过程中的形式主义，过度追求景观化，"大树进城"等错误行为。

四、解决"如何护绿"的问题

三分造，七分管；既要增绿，也要护绿。一方面，依托国土空间规划"一张图"，将各地的绿化任务和绿化成果落到实地、落到数据库，不仅能对国土绿化全过程进行监管，也能全面监测与把握林草资源变化情况，实行精准化管理。另一方面，构建天空地一体化综合监测评价体系，因地制宜制定评价指标、评价办法，科学评估各地国土绿化成果。同时，依据监管情况与评价结果，有计划有步骤地抓好森林抚育、加大退化林的修复力度与灌木林的复壮，全方位提升国土绿化质量。

绿色是生命的象征、大自然的底色，更是美好生活的基础、人民群众的期盼。总体上，要以国土绿化和生态修复为核心，以补短、增绿、提质、增效为重点，全面推进生态修复工程建设、开展城乡绿化美化、突出森林草地质量提升、提高造林绿化成效，逐步提升国土绿化质量，切实筑牢绿色生态安全底线。一方面，持续提升科技创新水平，推动新品种、新技术、新标准、新装备的应用，实现生态质量精准提升。另一方面，创新造林绿化机制，实现林草地、资金、技术、管理等生产要素有机结合，激发全社会造林育草的活力。

（作者：陈永森　林　雪）

五

生态文明制度建设

如何理解生态文明制度体系建设?

党的十九届四中全会通过的《中共中央关于坚持和完善中国特色社会主义制度、推进国家治理体系和治理能力现代化若干重大问题的决定》（以下简称《决定》）提出"坚持和完善生态文明制度体系，促进人与自然和谐共生"，从实行最严格的生态环境保护制度、全面建立资源高效利用制度、健全生态保护和修复制度、严明生态环境保护责任制度四个方面，为新形势下加强和改进生态文明建设规定了努力方向和重点任务。从逻辑体系上看，生态文明制度体系是一个从源头、过程、后果三个维度，按照"源头严防、过程严管、后果严惩"的思路构建的制度体系。

注重源头严防，抓好生态文明制度体系建设的基础性工作。源头严防，是建设生态文明、建设美丽中国的治本之策。新形势下加快生态文明制度体系建设，需要从源头抓起，从基础性工作抓起。自然资源产权制度是生态文明制度体系中最典型的基础性制度。只有在产权上明确了自然资源的归属，相应的权利所有人、相对人才能更好地行使权利和履行义务，相应的生态文明制度完善工作才能渐次展开。健全自然资源产权制度，要求全面贯彻落实习近平生态文明思想，以完善自然资源产权体系为重点，以落实产权主体为关键，以调查监测和确权登记为基础，着力促进自然资源集约开发利用和生态保护修复，加强监督管理，注重改革创新，加快构建系统完备、科学规范、运行有效的中国特色自然资源产权制度体系。

要健全自然资源产权体系，推动自然资源所有权与使用权分离，加快构建分类科学的自然资源产权体系，着力解决权力交叉、缺位问题；要明确自然资源产权主体，加快统一确权登记。研究建立国务院自然资源主管部门行使全民所有自然资源所有权的资源清单和管理体制；要强化自然资源整体保护，尽快编制实施国土空间规划，划定并严守生态保护红线、永久基本农田、城镇开发边界等控制线，建立健全国土空间用途管制制度、管理规范和技术标准，对国土空间实施统一管控，强化山水林田湖草整体保护；要促进自然资源集约开发利用，深入推进全民所有自然资源有偿使用制度改革，加快出台国有森林和草原有偿使用制度改革方案；要健全自然资源监管体制，发挥人大、行政、司法、审计和社会监督作用，创新管理方式方法，形成监管合力，实现对自然资源开发利用和保护的全程动态有效监管，加强自然资源督察机构对国有自然资源的监督，国务院自然资源主管部门定期向国务院报告国有自然资源资产情况。

注重过程严管，抓好生态文明制度休系建设的主干性工作。过程严管，是建设生态文明、建设美丽中国的关键。新形势下加快生态文明制度体系建设，要注重过程严管，对生态文明建设的主干性工作进行针对性的制度引导。根据当前的生态环境保护需要，要重点从三个方面入手。

首先，要完善绿色生产和消费的法律制度和政策导向。按照《决定》精神，构建包括法律、法规、标准、政策在内的绿色生产和消费制度体系，加快推行源头减量、清洁生产、资源循环、末端治理的生产方式，推动形成资源节约、环境友好、生态安全的工业、农业、服务业体系，有效扩大绿色产品消费，倡导形成绿色生活行为，既是更加自觉地推动绿色低碳循环发展的内在要求，也是推动新时代我国经济高质量发展的重要内容。需要统筹推进绿色生产和消费领域法律法规的立改废释工作，结合实际促进绿色生产和消费，鼓励先行先试，做好经验总结。着力完善能耗、水耗、地耗、污染物排放、环境质量等方面标准，完善绿色产业发展支持政策，完善市场化机制及配套政策，发展绿色金融，推进市场导向的绿色技术创新。

其次，要全面建立资源高效利用制度。人类对资源的开发利用既要考虑服务于当代人过上幸福生活，也要为子孙后代永续发展留下生存根基。改变传统的"大量生产、大量消耗、大量排放"的生产模式和消费模式，把经济活动、人的行为限制在自然资源和生态环境能够承受的限度内，使资源、生产、消费等要素相匹配、相适应，用最少的资源环境代价取得最大的经济社会效益，形成与大量占有自然空间、显著消耗资源、严重恶化生态环境的传统发展方式明显不同的资源利用和生产生活方式，是我们党既对当代人负责又对子孙后代负责的体现。落实这一制度，需要树立节约集约循环利用的资源观，实行资源总量管理和全面节约制度，强化约束性指标管理，实行能源、水资源消耗、建设用地等总量和强度双控行动，加快建立健全充分反映市场供求和资源稀缺程度、体现生态价值和环境损害成本的资源环境价格机制，促进资源节约和生态环境保护。

最后，要构建以国家公园为主体的自然保护地体系。主要目的是推动科学设置各类自然保护地，建立自然生态系统保护的新体制新机制新模式，建设健康稳定高效的自然生态系统，为维护国家生态安全和实现经济社会可持续发展筑牢基石，为建设美丽中国奠定生态根基。重点工作包括：按照自然生态系统原真性、整体性、系统性及其内在规律，将自然保护地按生态价值和保护强度高低，依次分为国家公园、自然保护区、自然公园三类。理顺各类自然保护地管理职能，按照生态系统的重要程度，将国家公园等自然保护地分为中央直接管理、中央地方共同管理和地方管理三类，实行分级设立、分级管理。创新自然保护地建设发展机制，实现各产权主体共建保护地、共享资源收益，建立健全特许经营制度。

注重后果严惩，抓好生态文明制度体系建设的保障性工作。

后果严惩，是建设生态文明、建设美丽中国必不可少的重要措施。新形势下加快生态文明制度体系建设，要注重后果严惩，坚持问题导向和结果导向，对责任明确和责任追究入手，严明生态环境保护责任制度。

要健全生态环境监测和评价制度。没有科学的生态环境监测和评价，就无法对生态环境保护责任进行明确。要深化生态环境监测评价改革创新，统一监测和评价技术标准规范，依法明确各方监测事权，建立部门间分工协作、有效配合的工作机制，统筹实施覆盖环境质量、城乡各类污染源、生态状况的生态环境监测评价。

要落实中央生态环境保护督察制度。中央生态环境保护督察制度是日常发现、督促解决生态环境问题的重要利器。实践证明，中央环境保护督察制度建得及时、用得有效，是一项经过实践检验、行之有效的制度安排。下一步，需要拓展督察内容，从单方面的督察生态环保向促进经济、社会发展与环境保护相协调延伸，从着重纠正环保违法向纠正违法和提升守法能力相结合转变，指导地方全面提高生态环境保护能力。

要建立生态文明建设目标评价考核制度，落实生态补偿和生态环境损害赔偿制度，实行生态环境损害责任终身追究制。强化环境保护、自然资源管控、节能减排等约束性指标管理，严格落实企业主体责任和政府监管责任。开展领导干部自然资源资产离任审计，在领导干部离任时，对一个地区的水资源、环境状况、林地、开发强度等进行综合评价,对生态环境损害的责任进行终身追究。要实行损害赔偿制度,对造成生态环境损害的责任者严格追究赔偿责任。

（作者：吕 虹）

如何系统推进生态环境治理制度建设？

生态环境治理制度作为国家治理体系的有机组成部分，在国家治理体系中具有重要地位，建立健全生态环境治理制度对于更好实现国家治理体系和治理能力现代化具有重要作用。从根本上实现生态环境治理的目标，必须系统推进生态环境治理制度建设。

重塑生态环境治理的制度理念。制度理念是制度建设所秉持的价值追求和观念取向。当前，在新的生态环境治理形势下，推进生态环境治理制度建设，离不开以理念上的准备作为前提。这就需要着力破除一些已经不适应新形势的传统观念制约，重塑生态环境治理的制度理念。一是强化整体性的制度理念。随着生态环境治理实践的不断推进，生态环境各要素之间、生态环境治理各领域和各环节之间的内在关联性日益凸显，这就需要改变将生态环境各要素、生态环境治理各领域和各环节分割开来的传统思维，确立从制度上强化对生态环境系统治理、统筹治理和协同治理的认识，不断增强制度建设的整体性。二是强化嵌入性的制度理念。任何制度均作用于一定的传统、习俗和惯例之中，后者构成了制度运行的文化背景。制度只有融入所处的文化背景，并与文化背景良性互动，才能得到治理主体和对象的一致认同，从而得到切实的遵循和贯彻。为此，需要立足国家和地方的实际推进生态环境治理制度的整体设计，在平衡制度原则性与灵活性需要的基础上增强制度与所处文化背景的契合性。三是强化开放性的制度理念。生态环境治理制度建设是一个动态发展的过程，需要根据治理形势和任务的改变而对制度进行动态的调适和更新；需要坚持发展性和包容性的原则，及时对生态环境治理新的任务和需求在制度层面进行回应，并转化为明确的制度规定。

加强生态环境治理的制度规划。制度规划是指根据制度建设的实践需求，结合制度的现实，对未来一段时间制度建设的目标、重点、内容进行系统的分析、评估、研判和确立。一方面，要增强制度规划的前瞻性。当今社会已经进入风险社会阶段，新的生态环境风险和生态环境问题不断出现，这就要求在制定生态环境治理的制度规划时不仅要立足短期的生态环境治理现实需要，也需要考虑较长一段时间内生态环境治理可能面临的风险和问题，从而使得生态环境治理的制度规划具有更好的适应性。另一方面，要增强制度规划的系统性。生态环境治理制度规划需要统筹考虑地上地下、陆地海洋生态环境治理不同空间，山水林田湖草沙生态环境各个要素，生态环境治理事前、事中、事后各个环节，构建要素齐备、范围完整、过程整合的整体性生态环境治理规划体系，最大限度发挥生态环境治理制度规划对制度建设的指引、助推作用。同时要增强制度规划的衔接性。生态环境治理制度的规划本身是一项内容复杂的系统工程，包含大量具体的子规划，涉及中央与地方各个层级、生态环境各个领域和整个过程，必须增强不同子规划之间的衔接性。这就要求不同层级、不同领域和不同环节生态环境治理制度的规划之间加强沟通、对接和协同。

完善生态环境治理的制度内容。党的十八大以来，我国在生态文明建设领域作出了一系列战略性部署，生态环境治理制度建设不断推进。但是，在现有生态环境治理制度的某些方面、领域、环节还存在一些不适应之处，需要不断完善制度内容，构建完整的生态环境治理制度体系。首先，强化生态环境全要素整体性治理制度。在传统上，山水林田湖草沙等生态环境要素在很大程度上是被分开对待的，由分散在不同政府部门内的不同机构来承担治理的职责和权限。这一传统的生态环境治理模式带有碎片化的特征，在很大程度上忽略了生态环境不同要素之间的内在关联性，也影响了生态环境的治理实效。党的十九大强调改革生态环境监管体制，生态环境部整合了之前分散在不同部门的生态环境治理职能，促进了生态环境治理的全要素统筹治理。与此相应，要在制度上贯彻生态环境全要素统筹治理的原则，构建进一步打通生态环境各要素的整体性治理制度。其次，强化生态环境全过程一体化治理制度。生态环境治理是由事前、事中、事后等治理环节前后衔接、有机构成的统一过程。传统的生态环境治理更为重视环境污染发生后的应急处置和责任追究等环节，随着生态环境治理实践的推进和治理主体风险观念的增强，生态环境污染发生前的风险监测、预报预警等环节也日益受到重视，但不同治理环节之间的整合仍然不够。鉴于此，需要通过在制度上进一步明确生态环境治理不同环节之间如何有机衔接、整合和统筹，为生态环境全过程一体化治理提供有力的保障。最后，强化生态环境全方位协同性治理制度。生态环境治理涉及山上山下、地表地下、岸上水里、陆地海洋、城市农村等各个空间，不同空间的生态环境有着内在的联系，需要进行一体化的保护和治理。当前，国家生态环境治理机构整合式改革的不断推进已经为不同空间生态环境的一体化治理提供了组织支撑，而组织目标的有效实现则需要相应的制度规范。为此，在制定生态环境治理制度时须坚持生态环境全方位一体化治理的原则，对不同空间生态环境治理的职能整合、标准统一、流程衔接等方面进行明确规定，为生态环境的全方位协同性治理提供坚实的制度保障。

强化生态环境治理的制度实施。制度建设并不仅仅限于制度的确立，还应包括制度的实施。实际上，在建立了适合实践需求的制度之后，关键在于制度的实施，如果制度得不到落实就难以真正发挥作用。对于生态环境治理制度而言也是如此。为此，需要从三个方面采取有力的措施。其一，制度的科学性在很大程度上决定了制度的实施效果。这就要求在生态环境治理制度新理念的指引下，立足实践的需要并结合制度的规划，推进制定和更新生态环境治理制度，不断增强生态环境治理制度内容的科学性。其二，制度的可操作性与制度能否实施及实施程度密切相关。这就要求不断加强对生态环境治理制度制定技术和方法的研究以及经验的学习总结，不断增强制度规定的可操作性。其三，制度主体和客体的认同是制度实施的重要前提。制度的真正实施离不开制度主体和客体基于认同对制度的遵循和执行。

（作者：易承志　黄子琪）

如何从制度创新上实现"双碳"目标?

在2020年第七十五届联合国大会一般性辩论上,我国政府郑重宣布,中国力争在2030年前实现碳达峰、2060年前实现碳中和(以下简称"双碳"目标)。2021年9月22日,《中共中央 国务院关于完整准确全面贯彻新发展理念做好碳达峰碳中和工作的意见》正式发布,提出了中国实现"碳达峰、碳中和"目标的路线图、制度体系和保障机制。由此可见,制度创新对于"双碳"目标的实现尤为重要。

完善碳减排目标分解与监督制度。"双碳"目标规定了具体的时间节点,这就需要在时间维度上和空间维度上对减排任务进行科学分配,在现行的碳排放总量和强度"双控"目标基础上,建立科学有效的目标分解机制。一方面,碳减排目标的分解要考虑地区经济发展和生态环境状况的差异,尤其需要充分考虑欠发达地区的发展权利、发展空间,从而分配相对较低的碳减排指标。另一方面,强化各地区底线减排目标,充分考量区域间可能存在的"碳转移"及"碳泄漏"问题,各地区在执行碳减排目标时要充分考虑地区发展阶段、能源结构、产业结构等特征，准确把握碳减排节奏，科学制定持续性减碳策略。值得重视的是，碳减排目标分解要建立正向激励、有效互动、承诺可信的全过程监督机制，从而强化监督约束力，增强各地区减排进程的监测、预警、控制，提高监督成果的可应用性。

完善碳排放统计监测制度。碳排放统计监测既可以为低碳零碳负碳和储能技术创新提供数据、信息和市场反馈，也可以为建立健全"碳达峰、碳中和"相关制度提供依据。但是，现行的碳排放统计监测测算方法存在一些问题：一是测算方法的选用难以兼顾全面性与时效性；二是排放因子的测算难以满足实际所需；三是分地区、分行业测算方法还不够明确。破解以上难题，需要对现行碳排放统计监测制度进行创新。首先，深入研究碳排放领域，厘清核算边界。对各行各业的生产运行及碳排放过程进行监测，以保证数据来源的可获取性和时效性。其次，明确责任单位，确定核算方法，合理测算碳排放因子。排放因子测算应由具备测算技术和实验条件的单位承担，根据各能源品种的实际使用情况，分情况测算排放因子，确定计算方法和更新频率。最后，要充分考量重点情况，助力分地区分行业监测。一方面，碳排放监测不能"一把尺子量到底"，对于碳排放的重点地区重点行业需制定有针对性的监测办法，加强监测的频率和力度，做到应测尽测，不留死角。另一方面，还应进一步拓展统计监测范围，既要考虑能源消耗、二氧化碳排放等方面的监测，也要逐步将技术固碳、生态固碳、海洋固碳、碳汇等纳入监测体系中，形成完备的监测系统。

创新绿色财税金融制度。"双碳"目标的实现还需要发挥绿色财政金融制度的积极作用，提高与"双碳"目标的契合度和融合性，更好发挥制度保障功能。一是创新绿色财税制度。首先，构建低碳零碳负碳的公共支出、环境保护税收体系及碳减排税收优惠、碳预算制度在内的绿色财政体系。其次，绿色公共支出应倾向于"碳达峰、碳中和"技术开发和项目建设，并对投资进行绩效考核，提高资金的使用效率。一方面，政府资金应重点投向低碳零碳负碳和储能新材料、新装备、新技术等科技攻关项目及推广应用领域。另一方面，建立完善低碳零碳负碳和储能技术评估、交易体系及孵化创业服务平台，提高技术转化率。最后，将"双碳"理念贯穿税收制度体系中，通过税收政策矫正碳排放的负外部性行为和补偿固碳的正外部性行为，实现利益相关方在"碳达峰、碳中和"中对称性激励约束兼容。二是创新绿色金融制度。首先，要按照"双碳"目标的要求，全面推进绿色投资、绿色信贷、绿色基金、绿色保险、绿色证券等金融政策创新，使得绿色金融真正惠及低碳零碳负碳项目。其次，开展区域间、国家间碳减排金融合作和跨境投资，建立区域碳减排效益评价标准、金融数据信息共享机制，确立地方及行业在碳减排金融生态链的定位与分工。三是推动绿色财税政策与绿色金融政策融合。首先，建立"双碳"财政性融资机制，发挥政府资金的杠杆效应，引导社会资本资金进入"双碳"投资项目，降低财政直接投资的压力。其次，通过划拨财政专项资金、提供财政贴息和设立碳减排基金等财政措施，帮助低碳零碳负碳项目融资。

深化碳排放交易市场制度改革与创新。全国碳排放交易市场已经启动上线交易，为了充分发挥市场降碳增效的作用，还需要进一步深化碳排放交易市场制度的改革和创新。首先，科学分配碳排放权配额。一方面，在碳排放权配额初始分配阶段，按照各排放主体在"双碳"目标中所承担的减排义务，确定配额总量控制路线图和总规划。另一方面，在配额二次分配阶段，构建短中期配额盈余控制的市场调节机制，做好总量调控。其次，将电力行业之外的其他重点行业逐步纳入全国碳排放交易市场，推动形成多元市场主体大规模入市的制度。最后，引入配额分配的拍卖机制，以市场机制引导价格走向。也就是说，构建碳储备机制，完善碳排放市场的信息公开机制，推行碳排放权的期货、期权等衍生品交易，形成碳排放权价格的长期预期。同时，创新二级市场的交易机制。一方面，加快引入做市商制度，研究推出市场内互换、掉期、对冲等风险管理产品，减少履约期和非履约期之间的碳排放权价格波动，保持价格稳定。另一方面，探索以配额核证减排为目标的碳排放权抵押、质押、配额回购和碳交易期货等碳金融产品，提升企业对冲风险的能力，以推动金融机构参与碳金融服务，开展包括碳基金、碳资产授信、碳资产质押贷款、碳减排债券等各项碳金融服务的碳金融体系提升和深化。此外，可运用财政和金融政策手段对碳排放权价格进行调控，使其维持在合理的价格区间，避免价格激烈波动对市场造成负面影响。

（作者：席鹭军）

如何正确认识领导干部自然资源资产离任审计制度?

领导干部自然资源资产离任审计,是指审计机关对主要领导干部任职期间履行自然资源资产管理和生态环境保护责任情况进行的审计。开展领导干部自然资源资产离任审计,是贯彻落实党中央关于加快推进生态文明建设要求的具体体现,对于领导干部牢固树立绿色发展理念,贯彻节约资源和保护环境的基本国策,推动形成绿色发展方式和生活方式,促进自然资源资产节约集约利用和生态环境保护,完善生态文明绩效评价考核和责任追究制度,推动领导干部切实履行自然资源资产管理和生态环境保护责任,具有十分重要的意义。

成为"必考课",要点是完善制度。考什么,如何考,是首要考虑的问题。建设生态文明,推动绿色发展,重在建章立制,用严格的制度为生态文明建设提供有效保障。站在落实生态文明体制改革重要任务的高度,充分发挥领导干部自然资源资产离任审计在强化考核问责和激励约束方面的作用,积极探索构建评价指标体系和评价标准。立足约束性指标完成情况、决策与监督职能履行情况、开发利用与保护修复情况、资金项目管理绩效情况等，纳入资源消耗、环境损害、生态效益等体现生态文明建设状况的指标，构建领导干部自然资源资产离任审计评价指标库，探索界定领导干部的责任边界。同时，强化审计结果运用，使之成为推进领导干部履行自然资源管理和生态环境保护责任的重要导向。

成为"必考课"，关键是科学合理。习近平总书记强调，生态环境保护能否落到实处，关键在领导干部。将考核结果作为干部选拔任用、年终绩效考评和监督执纪问责的重要参考，实现自然资源管理和生态环境保护责任由政府负责向党政同责转变。由于自然资源和生态环境整个系统在时间、空间方面的复杂性，政绩考核责任往往难以划清和界定，评价标准也难以做到"放之四海而皆准"，科学谋划评价指标体系与合理制定评价标准尤为重要。辩证看待生态文明建设的过程复杂和地区差异，既要看结果，又要看过程，既要重存量，又要重增量，重点从客观评价地方生态文明建设目标达成情况以及综合分析领导干部努力和进步程度两个方面形成科学合理的审计评价机制，推动领导干部牢固树立绿色政绩观。

成为"必考课"，根基是久久为功。生态文明建设的成功绝非可以毕其功于一役，领导干部要始终秉持"国之大者"的战略思维，坚定中华民族永续发展千年大计的信念，从落实重大政治任务和政治责任的高度发挥审计监督作用。充分认识开展领导干部自然资源资产离任审计是国家治理体系的重要组成部分，构建评价指标体系和评价标准是完善中国特色社会主义生态文明制度的具体安排，推动审计结果有效运用是强化领导干部考核问责的必然要求，在生态文明建设的道路上始终保持守正笃实、久久为功的战略定力。

（作者：张洪伟）

如何完善生态综合补偿制度，推进生态补偿有效实施？

建立生态补偿机制是我国建设生态文明的重要制度保障，也是落实生态保护权责、调动各方参与生态保护积极性、推进生态文明建设的重要手段。党的十八大以来，我国生态补偿政策体系已基本建立，实现了禁止开发区域、重点生态功能区等重要区域与森林、草原、湿地等重点领域生态保护补偿全覆盖，生态补偿由政府主导型逐渐向市场化、多元化转变。然而，我国当前的生态保护管理体制是分散切块方式，各部门有其生态补偿事权，资金使用各自为政，缺乏从生态系统管理层面实施生态补偿，在方式、资金、考核等方面缺乏综合统筹，导致补偿实施效率低下、补偿资金绩效不足，补偿投入效益缺乏系统评估，阻碍了生态补偿工作的深入推进。因此，我国进一步探索实施生态综合补偿制度，相比传统生态补偿措施，综合性补偿基于山水林田湖草沙生态系统观，统筹整合不同类型、不同领域的生态保护资金，调节区域生态环境利益关系的制度安排，通过综合多元补偿主体、补偿领域、补偿模式等，创新运用财政、金融、权益交易、考核、监督等政策手段，全面完善补偿支撑能力。

2019年11月，国家发展改革委印发《生态综合补偿试点方案》，以提高生态补偿资金使用整体效益为核心，以创新森林生态效益补偿制度、推进建立流域上下游生态补偿制度、发展生态优势特色产业、推动生态保护补偿工作制度化等为重点任务，推动生态综合补偿试点工作。在全国重点生态功能区范围内，优先选择集中连片特困地区和生态保护补偿工作基础较好的地区为试点，最终在国家生态文明试验区、西藏及四省藏区、安徽省等确定50个县（市、区）开展生态综合补偿试点。在生态综合补偿工作中，补偿领域由单一要素向要素综合统筹实施调整，补偿主体由政府主导向发挥多元主体积极性调整，补偿资金由分别使用向整体优化使用调整、由切块分配向绩效改进调整，补偿模式由政府向政府与市场有效组合分工调整。

我国稳步推进生态补偿机制的实施与完善。一是生态补偿政策体系基本建立。我国出台实施了一系列生态补偿相关政策文件，持续推进生态补偿机制建设。《生态文明体制改革总体方案》对生态保护补偿机制建设提出了明确要求，《关于健全生态保护补偿机制的意见》正式确定了重点领域、重点区域、流域上下游以及市场化补偿机制建设的基本框架，《关于加快建立流域上下游横向生态保护补偿机制的指导意见》对加快建立流域上下游横向生态保护补偿机制提出了明确路线图，《建立市场化、多元化生态保护补偿机制行动计划》对如何开展市场化、多元化生态补偿工作作出指引,《关于深化生态补偿制度改革的意见》对生态保护补偿制度进行了全局谋划和系统设计。二是基本建立全覆盖的生态补偿格局。在补偿领域,我国已经基本实现禁止开发区域、重点生态功能区等重要区域与森林、草原、湿地、荒漠、海洋、水流、耕地等重点领域生态保护补偿全覆盖。补偿方式由政府主导型逐渐向市场化、多元化转变,积极探索综合运用水权、碳排放权、排污权、碳汇交易等市场化补偿手段。补偿范围不断扩大,从单领域补偿延伸至综合补偿,流域、森林、草原、湿地、耕地等单领域生态补偿积极推进。三是重点领域生态补偿探索不断深化。地方探索环境空气质量生态补偿,山东省、河南省、湖北省、安徽省根据环境空气质量变化情况分配生态补偿资金。草原生态保护补助奖励范围与资金逐年增加,湿地生态保护修复支持力度持续加大,森林生态效益补偿标准进一步提高。四是积极推进开展 GEP 核算与政策应用探索。生态环境部环境规划院、中国科学院生态环境研究中心等单位推出了绿色 GDP 核算的1.0 版本(经环境调整后的生产总值 GGDP/EDP)、2.0 版本(生态系统生产总值 GEP)和 3.0 版本(经济生态生产总值 GEEP)。GEP核算结果可以为进一步开展生态产品现实机制研究,将生态产品的生态价值转化为经济效益提供依据,推进探索不同类型的生态产品市场经营模式,推进相关生态环境权益高效流转经营。

当前,我国生态综合补偿的实施仍需解决资金来源单一、使用不够精准、激励作用不强等突出问题。一是补偿主体范围较窄，多元化补偿不足。当前我国生态补偿机制主要是政府为主、自上而下的方式，横向补偿较难，特别是在跨省界流域和区域尺度难度较大，且部门补偿之间协调性较为缺乏。企业、金融机构、社会力量、公众作用发挥不足，产业、政策、智力等补偿方式尚未制度化。二是生态系统各要素综合性补偿不足。当前，我国生态保护补偿偏重于单一要素补偿和分类补偿，这两种补偿由于生态环境利益相关者明确、补偿目标相对单一等特点而易于实施，但不同环境要素、不同领域之间的生态保护补偿政策未能充分发挥政策聚焦合力，缺乏整体性和综合性。三是市场化补偿机制不足，资金使用效率较低。当前我国仍是以财政资金为主的补偿方式，资金来源单一，存在资金绩效问题，资金激励作用不强。生态产品定价与价格形成机制缺乏，环境权益资产确权、分配、交易等制度尚未健全。绿色金融创新不足，金融政策工具发挥作用较少。四是生态综合补偿实施配套能力支撑不足。各级生态保护补偿相关部门对生态保护补偿的定义和统计口径的确定以及本部门涉及的生态保护补偿资金的来源、使用情况缺乏全面、准确的掌握，无法明确资金的具体使用缺口。缺乏统一的补偿标准核算方法，补偿范围、核算方法等均存在争议，地方推进生态补偿面临技术困境。补偿实施所需的监测、评估、统计等能力不足，无法为科学实施补偿提供能力支撑。

为推进生态综合补偿制度的有效实施，可考虑以下政策建议。

充分发挥多主体作用，形成大补偿格局。重视推进多元化补偿机制，研究建立"资金、技术、人才、产业、交流"相结合的五位一体补偿。按照生态空间功能，实施纵横结合的综合补偿制度，促进生态受益地区与保护地区利益共享。补偿主体和对象深入下沉到微观主体，充分涵盖利益相关方，进一步重视农户利益。综合企业、金融机构、非政府组织、群众等社会力量，通过对口协作、园区共建、融资激励、项目支持、异地开发、产业转移等多元化补偿方式，体现生态贡献地区的生态价值，将补偿与地方发展、精准扶贫等协同起来。引导生态受益地区加强对生态贡献地区的交流、协作和帮扶。

健全生态系统各要素综合补偿机制。深入贯彻山水林田湖草沙生态系统观，落实生态系统综合管理，从生态空间单元层面上统筹优化生态补偿决策。结合生态空间中并存的多元生态环境要素系统谋划，稳步推进不同渠道生态保护补偿资金在生态系统各要素的统筹使用，提高生态保护整体效益。

建设补偿资金综合使用试点。一是资金使用方式方面，建立补偿资金的生态环境质量绩效改善导向使用方式，不直补给地方。在资金使用和项目安排上加大对欠发达地区、重要生态功能区、水系源头地区等的支持力度，优先支持生态环境保护效益明显的跨区域性、跨流域性、示范性的绿色产业项目和重点生态保护与修复项目。对农民施用有机肥和生物农药、畜禽养殖场搬迁和畜禽粪污养殖资源化基础设施和设备给予补偿。将补偿资金使用和生态扶贫相结合。二是资金统筹方面，鼓励地方统筹各领域的生态补偿资金，结合生态系统管理需求，建立生态补偿项目库。三是资金渠道方面，把财政性资金、各类目性的社会资本整合，建立资金池。四是资金配套方面，推动建立横向生态补偿科目并纳入财政预算管理。

推进探索分类补偿模式，提高资金使用效率。研究将生态补偿项目划分为公益性、半公益性和市场化三类。一是无稳定收入来源、纯公益性项目，充分整合各级财政资金，拓展转移安置、培训就业等多元化补偿方式。二是具有一定收益、半公益性项目，充分发挥政策引导作用，通过减税、给予财政货币政策支持等方式，弥补收益成本差距，提升社会资本参与动力。三是具有稳定收入来源、可市场化运作的项目，通过搭建信息平台、完善政策规定等方式，为社会资本创造良好的参与环境和外部条件。

推进多类型市场化补偿。探索资源生态环境使用权市场化补偿模式。完善水资源合理配置和有偿使用制度，加快建立水资源取用权出让、转让和租赁的交易机制。对生态重要地区，依托排污许可证核发，规范开展初始排污权核定及监管，积极推进二级交易市场。充分发挥碳排放权交易对生态修复和保护补偿的促进作用。鼓励绿色金融政策和绿色金融产品创新，指导地方将新增专项债务优先安排生态补偿。鼓励地方采取PPP、特许经营权等方式引入社会资本参与生态补偿。推动建立健全补贴、绿色标识、绿色采购、绿色金融、绿色利益分享机制，引导社会投资者对生态保护者的补偿。鼓励生态环保公益组织参与生态补偿。

夯实生态综合补偿实施的配套能力支撑。鼓励和指导地方探索制定出台生态补偿相关法规、管理办法及配套政策。鼓励地方研究制定生态补偿技术指南，探索建立生态价值评估核算体系、生态补偿标准体系，提升生态综合补偿的科学水平。完善生态综合补偿实施的统计制度，研究制定生态保护补偿资金使用情况部门统计监测制度和绩效评价办法。推动建立生态补偿动态评估机制，加快完善生态环境监测网络体系。

（作者：董战峰）

推进碳达峰碳中和

1 如何深刻理解既要实现"双碳"目标又要确保国家能源安全?

我国"双碳"目标实质上与低碳转型目标相一致。2030年前尽快实现碳达峰是近期目标,是实现碳中和的基础和前提;2060年前实现碳中和是长期目标,是碳达峰后需要更有力度的碳减排和能源转型才能实现的目标。碳达峰是以碳中和为目标的达峰,是保证经济高质量发展同时的达峰,是产业结构优化和技术进步促进碳排放强度逐步降低的达峰。碳中和为我国经济社会发展开创了一条兼具成本效益、经济效益和社会效益的崭新发展路径,与实现第二个百年奋斗目标同步,是我国全面实现经济社会低碳转型和高质量增长的里程碑。而确保国家能源安全既是我国保民生的基本任务,又是中长期可持续发展永恒的战略选择。在不同发展阶段,虽然能源结构有所差异,主导能源系统的能源类型和品种数量不同,但总体趋势是能源结构从高碳向低碳发展,未来能源系统最终向零碳转变。能源安全战略的任务就是在能源清洁、低碳转型进程中确保可以持续用得上、用得起能源(无论清洁的新能源、可再生能源占比多大)。那么,如何深刻理解既要实现"双碳"目标，又要确保国家能源安全呢？

首先，要深刻理解对包括我国在内的任何国家和经济体，能源安全既是国计民生的基本要求，也是短期、中长期可持续发展的战略重点，保障能源安全就是保障经济、保护民生。

一方面，能源作为经济的血液，一直在支撑经济的可持续发展和社会的繁荣稳定。自从人类在地球上存在以来，每时每刻都离不开能源，能源安全就是国计民生，它涉及千家万户，如果能源安全没有保障，直接影响的不仅是经济，而且会牵涉到我们每个人的生命。当然，实际能源危机的爆发往往是时段性、区域性、局部性的。但在高度全球化的时代，能源供应需求市场早已变为全球性市场，如果局部或时段性能源危机不能及时有效应对，必不可少的全球能源安全合作不能落实到位，全球性能源危机爆发的可能性就非常高。一旦爆发全球性能源危机，全球经济将受到重创，一些能源安全保障脆弱国家的居民生活将受到极大影响，甚至会危及部分人的生命。所以，保障能源安全永远是"头等大事、重中之重"。这也是为什么部分国家或经济体在能源供应短缺、能源价格（尤其是相对低碳、但成本较高的较为清洁的能源，比如天然气相对煤炭）超出人们支付能力时，往往会回头选择传统能源解决能源安全的燃眉之急。另一方面，从长期看，随着社会的发展和技术的进步，能源利用的效率以及能源的清洁化程度越来越高，人们越来越懂得在开发和利用能源资源过程中保护生态环境、减少会给地球带来灾难性后果的温室气体排放的重要性。从薪柴时代、煤炭时代、油气时代、电力时代一直到未来的完全清洁能源时代（或者说"零碳能源时代"），人类经历了并且仍在经历重大的能源转型革命。每一次能源转型革命既离不开生产端、消费端的技术和产业革命，也离不开伴随着全球化越来越深入的各国、各经济体的合作推动及机制体制革命。这也与习近平总书记于2014年6月13日在中央财经领导小组第六次会议上明确提出的"四个革命、一个合作"的重大国家能源战略思想一脉相承。所以，一定要从动态角度看待和处理能源安全，要伴随着能源革命和能源转型进程与时俱进。

其次，要深刻认识到碳达峰碳中和是多年全球气候行动努力的成果反映，已成为多国、多个经济体可持续发展的目标，也是我国中长期高质量、可持续发展目标的集中体现。气候安全已成为人类社会发展史上波及范围广、影响程度深的全球性非传统安全议题。遏制气候异常、应对气候变化、减少温室气体排放已成为全球共识。1972年，在瑞典斯德哥尔摩举行的人类环境会议通过了一项宣言，提出了维护和改善人类环境的原则及行动计划，其中包含了有关环境行动。该宣言在关于识别和控制具有广泛国际意义的污染物一节中，首次提出了气候变化问题，警告各国政府注意可能导致气候变化的活动，并评估气候影响的可能性和严重性。之后有关气候变化的里程碑是1992年联合国大会通过的《联合国气候变化框架公约》，首次以公约的形式确立了国际合作应对气候变化的基本原则，并针对发达国家和发展中国家提出了"共同但有区别的责任"原则、公平原则、各自能力原则和可持续发展原则等。1997年，第三次缔约方大会通过的《京都议定书》为全球气候合作创造了实质性合作机制（排放贸易、联合履约、清洁发展机制），并作为《联合国气候变化框架公约》的重要补充。之后，几乎每年召开的气候峰会一直在包括《联合国气候变化框架公约》在内的一系列气候政策框架下推动着全球应对气候变化的进程。

近年来，尽快完成碳达峰、实现碳中和目标已成为气候峰会的核心内容，也成为全球多个国家、多个经济体气候变化谈判多年努力的主要成果。目前，全球已有50多个国家实现了碳达峰。其中，美国于2007年实现了碳达峰；欧盟各成员国的碳达峰时间不一，整体于1990年实现了碳达峰；日本于2013年实现了碳达峰。此外，全球已有100多个国家和地区向"联合国气候变化框架公约秘书处"提交了国家自主减排计划的"零碳"或"碳中和"气候目标。以美国、欧盟、日本为代表的发达国家和地区整体实现碳中和目标的时间是2050年前。而丹麦、欧盟、法国、德国、匈牙利、新西兰、英国、瑞典等国家已将气候行动或者碳中和列入实质性立法过程中。

中国是全球第二大经济体，同时也是全球能源消费和碳排放最大的国家，在全球气候治理中发挥着越来越重要的建设性作用。2020年9月22日，中国正式宣布将提高国家自主贡献力度，采取更加有力的政策和措施，二氧化碳排放力争于2030年前达到峰值，努力争取2060年前实现碳中和（即"双碳"目标）。这是我国在慎重考虑当前我国的实际发展阶段、经济高质量发展需求、与生态环境协同治理等多种重要因素后提出的，体现了我国长期可持续发展的客观要求。

最后，要深刻理解"双碳"目标是引领我国实施低碳转型、推动可持续发展，实现由工业文明步入生态文明的中长期目标和重要抓手，与保障能源安全并不矛盾，实际工作中既不能把二者割裂，更不能把二者对立。与欧美等发达国家和地区不同的是，我国目前仍处在碳排放上升阶段，尚未实现碳达峰。我国提出的"双碳"目标，从时间点和实现难度上，均远比发达国家和经济体更具挑战，这充分体现了我国应对气候变化"共同但有区别的责任"原则和基于发展阶段的原则，彰显了一个负责任大国应对气候变化的积极态度。我们应该将"双碳"目标理解为习近平总书记提出的"四个革命、一个合作"重大国家能源战略的具体落实和实现路径，通过大幅度推动节能和提高能效，同时大力发展非化石能源、稳步减少化石能源，构建以非化石能源为主体的新型电力体系等措施，使我国能源安全保障系统变为清洁、高效、低碳、绿色的"现代化能源安全体系"。而且，"双碳"目标可以倒逼我国产业结构调整，有效抑制高耗能产业发展，大力推动战略性新兴产业、高技术产业、现代服务业进步，拉动巨量的绿色金融投资，并为社会带来新的经济增长点和新的就业机会，最终使我国由工业文明步入生态文明。实际工作中，要深刻理解实现"双碳"

目标与保障国家能源安全的相辅相成，尤其要在经济、能源、生态环境、气候变化交叉领域做到规划引领、目标一致、行动统一，决不能把"双碳"工作与国家能源安全工作割裂开，更不能对立。

（作者：杨玉峰）

如何理解实现"双碳"目标与经济社会发展目标的协同性?

　　实现"双碳"目标是一场广泛而深刻的经济社会系统性变革,将对我国经济社会发展产生深远影响。2021年10月24日,在中共中央、国务院印发的《关于完整准确全面贯彻新发展理念做好碳达峰碳中和工作的意见》中明确提出"将碳达峰、碳中和目标要求全面融入经济社会发展中长期规划"。我国碳排放仍处于增长阶段,实现"双碳"目标面临时间紧、任务重等诸多困难,若处理不好实现"双碳"目标与经济社会发展目标的协同关系,极易引发脱离实际、急于求成,搞运动式"降碳"、踩"急刹车"等问题。实现"双碳"目标是我国经济社会高质量发展的重要动力。我国经济已经由高速增长阶段转向高质量发展阶段,实现"双碳"目标是实现我国经济高质量发展的必然要求和基本内涵,对建立绿色发展现代经济体系、实现经济社会与生态环境保护协同发展具有重要意义。

　　一是"双碳"目标加速我国能源清洁转型。通过大幅提升能源利用效率和大力发展非化石能源,逐步摆脱对化石能源的依赖，加快实现由高碳向低碳再向零碳的转变。2015年至2021年，我国煤炭消费比重由63.8%下降至56%，天然气等清洁能源消费占一次能源比重由17.9%提高至25.5%。2021年全国可再生能源发电装机规模历史性突破10亿千瓦，新能源年发电量首次突破1万亿千瓦时。二是"双碳"目标新增大量绿色发展投资需求，绿色行业迎来新发展机遇。传统产业实现绿色转型升级，要求企业大力增加低碳、零碳等绿色发展相关技术的研发投资。据清华大学研究，实现"双碳"目标需要加大能源和电力系统新建基础设施投资、终端节能和能源替代基础设施建设和既有设施改造的投资等，实现2℃情景的投资需求高达174万亿元。三是"双碳"目标激发企业绿色低碳创新动力。高能耗、高排放产业产能扩张的力度将受到严格的碳排放限制，短期增长受限，"去产能"步伐提速，推动以化石能源为主导的传统产业向以清洁能源为主导的现代产业绿色转型升级，实现经济增长与降碳双赢。高度重视并着力解决好"双碳"工作与经济社会发展协同不足问题。我国要在短短10年内实现碳达峰、40年内实现碳中和的艰巨目标，时间紧、任务重，一些地方在执行相关政策的过程中出现了矫枉过正的情况，产生了负面影响。常见现象有以下三种：一是脱离实际。一些地方政府和行业部门希望在"十四五"时期做出成效，忽视了对"双碳"目标的深入理解和对现实条件的客观研判，提出了脱离实际的减碳目标，缺少可行的减碳路径。有的地方对高耗能项目搞"一刀切"关停，有的金融机构骤然对煤电等项目抽贷断贷。给社会经济发展带来了不良影响。二是急于求成。一些地区以减碳结果为导向，只看数据变化，不考虑经济社会发展和能源安全，简单粗暴地采取拉闸限电等行政手段减碳，踩"急刹车"。2021年以来，全国多地曾出现限电停工现象，在湖南、浙江等地不断出现，广东部分地区工厂一度开四停三，引发关注。三是实施不力。遏制"两高"项目盲目发展是当前碳达峰碳中和工作的当务之急和重中之重，但有的地方口号喊得响，行动跟不上，有的地方甚至违规上马"两高"项目，未批先建问题比较突出。鉴于"双碳"工作的艰巨性，一些地方难以轻易决断，习惯性地依赖中央分解目标、下达任务，主动创造碳达峰碳中和条件的意愿和能力不足。还有一些地区空喊口号，没有行动；或是做表面文章，不改变发展范式，仍延续现有生产生活方式。

深入推进"双碳"工作与经济社会发展的高效协同。一是要遵循经济发展规律。2021年中央经济工作会议指出，当前我国经济发展面临需求收缩、供给冲击、预期转弱三重压力，必须坚持稳中求进，调整政策和推动改革要把握好时度效。实现"双碳"目标要尊重经济发展和技术创新的客观规律，在调研摸底的基础上，根据地方实际循序渐进地谋划差异化、个性化减碳目标。二是要立足我国现阶段国情。我国仍然处于工业化、城镇化进程中，在现有技术条件下，能源供给以化石能源为主、产业结构偏重偏传统，决定了我国经济高碳特征明显。资本密集、高碳排放的重化工项目，仍是部分地方经济增长的主要支撑。各地区要因地制宜、分类施策，明确既符合自身实际又满足总体要求的"双碳"目标，梯次有序推进碳达峰。三是要科学谋划减污减碳路径。目前，我国各地资源禀赋、经济基础、发展阶段差异较大，东部地区多数省份已经进入后工业化阶段，初步建立起了绿色低碳循环的产业体系；西部地区地广人稀，风、光资源丰富，具有通过合理布局人口、产业和清洁能源基础设施实现尽早碳达峰的客观条件；中部地区产业偏重，且人口较为稠密，短期内碳达峰仍然面临较大挑战。各地应基于自身特点，探索建立适用性较强的差异化减污降碳路径，推动有条件的地方和重点行业、重点企业率先碳达峰、碳中和。

深入推进"双碳"工作与经济社会发展实现高效协同，要着重处理好"三个关系"。

第一，要处理好实现"双碳"目标和"优化能源结构"的协同关系。要立足以煤为主的基本国情，传统能源逐步退出要建立在新能源安全可靠的替代基础上，在减排过程中必须确保能源安全稳定供应和平稳过渡转型。推进能源体系清洁低碳发展，在发电侧稳步推进水电发展，安全发展核电，加快光伏和风电发展；对清洁能源替代后的剩余化石能源大规模运用碳捕获与存储技术。加快构建适应高比例可再生能源发展的新型电力系统，完善清洁能源消纳长效机制。

第二，要处理好实现"双碳"目标和"稳定经济增速"的协同关系。要深刻认识实现碳达峰碳中和目标是推动高质量发展的内在要求，处理好"双碳"目标与稳增长目标之间的关系，达到二者有效平衡，通过大力发展"双碳"产业来带动经济增长。要把涉及"双碳"的产业作为优先扶持、优先投资的领域，优先发展绿色低碳产业体系，将经济复苏、稳增长和"双碳"经济发展有机地结合在一起。

第三，要处理好实现"双碳"目标和"促进社会就业"的协同关系。"双碳"目标的实现过程，是催生全新行业和商业模式的过程，在绿色转型过程中孕育着巨大的发展机遇。要统筹考虑经济社会的可接受能力、转型成本的时空转移和群体分摊问题，特别要注意解决好去碳化转型过程中的公平性问题，要通过各种方式减轻转型过程受冲击人群的影响，千方百计创造新型绿色低碳就业岗位。要狠抓绿色低碳技术攻关，加快培育战略性新兴产业，推动传统产业转型升级。长期来看，"双碳"目标下低碳发展提供的大量就业岗位，将带动劳动力市场的整体优化，为低碳经济发展提供强大和持续的动力。

（作者：董战峰）

如何理解有效实现"双碳"目标的关键点?

"双碳"目标,是我国基于推动构建人类命运共同体的大国担当和实现高质量可持续发展的内在要求而作出的重大战略决策。"双碳"目标的达成是一项复杂艰巨的系统工程,事关经济社会高质量发展全局和生态文明整体布局。因此,为进一步如期实现"双碳"目标,需要统筹全局并制定一系列科学行动计划,加大各项政策对于"双碳"工作的引导和布局力度。

实现"双碳"目标须妥善处理好三对关系。"双碳"目标的如期实现面临诸多挑战,需要付出一系列艰苦努力,统筹处理好三对关系尤其重要。

经济发展与节能减排的关系。一方面,产业发展结构和能源消费格局决定了我国在未来较长一段时间内,GDP增长仍然高度依赖能源消耗与碳排放。另一方面,碳封存、碳捕捉存在技术不确定和市场化推广程度不高的双重挑战,从某种程度上看,维系经济增长和促进节能减排二者在现阶段依然存在较大的冲突,需要正确掌控好节能降碳和经济增长的节奏,坚持先立后破的原则，充分利用科技进步与制度创新等手段尽可能平衡"双碳"目标实现过程中出现的经济波动，使节能降碳的步伐总体上与经济发展状况相适应。

低碳发展与民生保障的关系。一方面，低碳发展可以促进产业转型和实现节能减排，科学合理的、绿色化和健康化的低碳发展举措会惠及民生，还可促进居民的生活方式和价值观念的转变，提高社会福利水平。另一方面，不合理的低碳发展行动，会影响民生的基本保障。正确处理好低碳发展与保障民生的关系，构建低碳发展与民生保障的协调机制，激励与约束并举，特别要对受影响的特殊群体提供必要的补偿机制，维护"双碳"目标实现过程中的社会公平与和谐稳定。

"双碳"目标和其他战略的融合关系。"双碳"目标对经济社会影响广泛，需要着力关注其系统性、协同性和融合性，妥善处理好"双碳"目标与乡村振兴、生态文明、共同富裕等其他战略或目标的衔接融合关系，协同推进各相关目标的有效实现。以乡村振兴为例，有必要持续推动农林业减排固碳和乡村产业绿色转型升级，强化生态农业、低碳农业和绿色农业的价值实现机制，将农业提质增效、农民稳定增收、农村生态宜居统一起来，促进"双碳"目标与乡村振兴战略充分融合、协同发展，让乡村绿色振兴成为落实"双碳"目标的重要举措。

构建全国统一的碳排放权交易市场，可以打破行业和区域市场壁垒，最终形成以价格机制为核心的、自上而下有效链接的全国市场。为此，需要在以下三个方面着力。

一是进一步明晰碳排放权，加速市场衔接和融合。探索建立科学合理的碳排放权初始分配机制，要着力消除政策障碍、打破区域壁垒、降低交易成本，为全国统一碳排放权交易市场的构建和发展奠定坚实制度基础。一方面，科学识别不同行业排放水平和减排成本差异，有序推动水泥、有色金属、钢铁、石化和化工等高排放行业进入全国碳排放权交易市场。另一方面，对于已经存在的地方碳排放权交易市场，应当择时、择机逐步纳入全国统一的碳排放权交易市场，并加强中国与国际碳排放权交易市场的融通。

二是加快推动林草碳汇纳入全国碳排放权交易市场。林草碳汇是我国实现碳中和的重要"压舱石"。从目前全国情况来看，现有林草碳汇项目国家备案的方法学较少，存在林业碳汇项目交易门槛高、开发成本大、项目审批时间长等困境，减缓了林草碳汇的市场化进程。因此，各级主管部门不仅需要逐步丰富林业碳汇项目方法学备案，合理扩大项目覆盖范围，缩短项目审批时间，着力减少林草碳汇核证自愿减排项目的交易成本，还应加快推动林业碳汇纳入全国碳排放权交易市场。根据我国"双碳"目标实现的整体进程，建立林草碳汇纳入规模的动态调整机制，让林草固碳增汇在我国"双碳"目标的实现中发挥更大作用。

三是合理培育和规范"双碳"投资市场。"双碳"目标的持续深入，将会催生一批新兴产业和新兴市场，这将为我国经济社会发展带来新动能。一方面，合理培育"双碳"投资市场，需要在顶层设计上构建多层次、有梯度的投资体系，充分发挥政府投资引导作用，构建与"双碳"目标相适应的投融资体系，积极引导社会资本参与"双碳"投资市场。另一方面，也要规范社会资本运作，防止资本过度炒作、无序扩张，相关主管部门应建立价格管理机制以应对交易市场可能出现的异常。尤其是当交易市场出现异常时，需要综合运用价格上下限、安全阀机制、动态分配等价格管理手段，动态精准调整碳排放权配额，为改善供需结构提供政策依据，尽可能稳定市场预期，确保市场平稳健康发展。

"双碳"信息披露制度体系仍须进一步完善。目前，在服务落实"双碳"目标的背景下，"双碳"信息披露制度作为促进碳市场健康运行的有效支撑，其重要意义已日益凸显。

构建"双碳"信息披露制度必要且重要。当前，在我国进一步大力发展绿色低碳经济的发展趋势下，国家对金融机构、企业、上市公司等与信息披露相关的工作高度重视，提出了明确要求。一方面，从目前我国具体情况来看，企业在碳信息披露方面依然存在积极性不高、不够主动的现状，这不仅会影响企业自身的可持续发展，还会影响我国"双碳"目标的有序实现。"十四五"时期，我国的生态环境保护将会进入到以降碳为主、减污降碳协同增效的新时期，在这个时期，构建完善统一的信息披露制度将会是大势所趋。另一方面，信息披露制度不仅能为碳金融定价及碳风险评估提供有效依据，有利于对重点排放企业减排效果进行市场监督和科学评价。此外，还可以为我国在国际气候谈判、"双碳"政策制定和全国碳交易市场稳定运行方面提供信息基础。

构建统一规范的碳排放信息披露制度体系。积极探索在国家层面构建统一规范的碳排放信息披露制度体系，是我国"双碳"信息披露制度建立的基础，特别是要加强重点企业碳信息披露制度建设，有必要构建统一的企业碳排放核算体系、碳排放额和碳汇额资产核算及交易的会计准则，以及碳排放、碳汇和碳中和信息披露规则，逐步引导企业提高碳信息披露的积极性和数据质量。

加快建设碳信息综合数据管理平台。在"双碳"目标下，碳数据将成为国家和企业数据竞争力的重要组成部分。因此，需要尽快建立包括信息搜集中心、信息发布中心和信息决策中心等在内的全国"双碳"信息中心。一方面，对全国碳排放数据、行业部门减排情况、企业减排情况、市场交易状况、碳中和情况等关键信息做到"心中有数"，统筹梳理并发布碳排放、碳中和等官方数据，反映减排成果，回应社会关切。另一方面，通过信息搜集和监测评估，及时发现问题，动态调整决策，不断提升"双碳"治理水平。

（作者：柯水发 张 朝）

4　如何推动能源低碳转型平稳过渡？

　　就我国而言，近80%的二氧化碳排放来自能源行业。能源领域能否控制住碳排放量直接关系到"双碳"目标的实现。可再生能源在落实"双碳"战略决策过程中将发挥关键作用，但是它对气候条件的依赖性也使其容易受到气候变化的负面影响。因此，要科学认识可再生能源与气候变化相互制约、互为反馈的双重关系，既要把握窗口期，高质量、高比例发展可再生能源以降低碳排放量，又要把可再生能源规划置于气候变化的环境中，在开发和利用可再生能源时充分考虑气候变化的影响和对策，推动能源低碳转型平稳过渡。

　　为统筹有序落实碳达峰碳中和重大战略决策，中共中央、国务院发布的《关于完整准确全面贯彻新发展理念做好碳达峰碳中和工作的意见》提出"2060年非化石能源消费比重达到80%以上"的具体目标。这意味着能源系统碳中和转型，要求我国40年内逐步建成以非化石能源（包括可再生能源和核能）为主的低碳能源体系。可再生能源（风能、光能、水能、生物质能、地热能等）产生的温室气体排放量不到化石能源的3%，是应对气候变化的主要措施，但是它对气候条件的依赖性也使其容易受到气候变化的负面影响。联合国气候变化专门委员会（IPCC）第六次评估报告（AR6）第一工作组报告揭示，在未来全球气候进一步变暖情形下，极端温度事件、强降水、干旱、极端风暴（如热带气旋、强对流、大风等）的数量和强度将继续增多，这将对可再生能源体系的安全性、可靠性和稳定性带来巨大挑战。

习近平总书记强调，推动能源革命要立足我国能源资源禀赋，坚持先立后破、通盘谋划，传统能源逐步退出必须建立在新能源安全可靠的替代基础上。这意味着，不能为增加非化石能源数量而盲目发展可再生能源，而是要科学把握可再生能源既受气候变化影响又作用于气候变化的特性，以脆弱性评估牵引可再生能源系统规划、以系统观优化可再生能源风险管理体系、以大概率思维加强应急能力建设，对于促进可再生能源的高比例、高质量发展，在经济社会发展"稳字当头、稳中求进"中推动能源低碳转型的平稳过渡具有重要的现实意义。

以脆弱性评估牵引可再生能源系统规划。"双碳"目标对能源低碳绿色转型提出了更高的要求，应科学认识和把握可再生能源与气候变化相互制约、互为反馈的双重关系。一方面，气候变化通过影响可再生能源禀赋来影响可再生能源的利用。具体而言，可再生能源利用依赖于降雨、风速、温度、湿度等气候要素的大小与稳定度，这种天然属性导致可再生能源发电波动性强，受气候影响出力忽大忽小。另一方面，气候变化引发的极端天气事件还会对可再生发电设施造成破坏，影响可再生能源的利用。我国提出"2030年非化石能源消费比重达到25%左右，风电、太阳能发电总装机容量达到12亿千瓦以上""2060年非化石能源消费比重达到80%以上"的具体目标，这就意味着可再生能源系统规划的时间尺度要在10年以上。目前的可再生能源系统规划通常会考虑社会经济发展、能源政策、能源价格、技术进步等不确定性因素的影响，但是可再生能源与气候变化相互制约、互为反馈的双重关系在规划中关注较少。如果可再生能源开发布局和采取的措施不当，极有可能对生态环境产生不利影响，进而影响整个地区的气候条件。脆弱性评估是研究和评估气候变化与可再生能源系统之间复杂关系的主要工具。IPCC第五次评估报告（AR5）第二工作组报告具体分析了脆弱性评估的要点与步骤，阐述了脆弱性评估对于识别气候变化风险的重要性。采用脆弱性评估方法，评估气候变化与可再生能源系统之间的复杂关系，追踪气候变化对可再生能源系统的动态影响，根据评估结果制定可再生能源系统中长期规划，对于规避气候变化风险、保障能源安全至关重要。

以系统观构建可再生能源风险管理体系。作为能源系统的核心，电力系统绿色转型是带动其他能源密集型行业绿色转型的重要载体，是能源系统低碳转型的关键。"双碳"目标下，亟须建立以电力系统为能源枢纽的综合能源系统。具体而言，电力系统需实现由常规能源转向高比例可再生能源并网、多种能源深度耦合的新形态，目前，我国已开发的太阳能、风能不到技术可开发量的1/10，资源基础是十分丰富的。但是，大规模可再生能源发电具有间歇性、随机性、波动性等特点，与传统火力发电相比，电源侧的出力不确定性较强，可再生能源风险管理体系建设亟待加强。目前，我国整体电量富余，但局部地区局部时段存在电力缺口。在最需要用电的时候，可再生能源由于发电单机容量小、数量多、布点分散等特征，无法充当"援军"，保障电力供应的重担又重新落到了煤电厂身上。多国实践经验表明，只要市场、技术、机制等措施保障到位，高比例可再生能源下的电力系统安全稳定运行是完全可以实现的。比如，2015年，光伏出力占电力系统负荷50%的德国，经受住了日食危机的考验，这是其大数据准确预测日食发生时刻、应对预案准备充分、全社会集体动员的结果。2019年，青海实现了连续15日360小时全清洁能源供电，电网也保持了安全稳定运行，背后有电网实时监视、新能源预测、电网运行控制多方协同努力。实现"双碳"目标、构建新型电力系统是一个复杂的系统工程，也是一个反复的风险管理过程，在规划和决策过程中需要对风险作出预判并加以防范。以系统思维实施多主体协同治理、评估潜在的未来影响，可以在很大程度上解决目前可再生能源开发和使用进程中的诸多问题，使各行业、各地区、各主体发挥最大效能、实现最优减排目标。

以大概率思维加强可再生能源系统应急能力建设。党的十八大以来，习近平总书记多次强调，防范化解重大风险的问题。"双碳"目标约束下，可再生能源将会实现倍速发展，在并网系统中渗透率大幅度上升，导致电力系统问题发生的概率进一步增大，严重时极有可能引起电网系统混乱、电力供给中断等问题。2021年2月，美国新能源大州——得克萨斯州，受极端严寒天气影响，造成约2900万kW的电力供给缺口，近500万居民断电断暖。得克萨斯州基础设施投资薄弱，对极端灾害事件准备不充分，市场化备用及市场化调峰下灾害应对能力不足是造成此现象的主要原因。得克萨斯州的案例表明，在极端天气事件冲击下，单一市场机制难以保障电力系统安全稳定，能源结构潜在性风险的大爆发威胁到了整个国家和地区的能源安全和社会稳定。在统筹有序落实碳达峰、碳中和战略决策过程中，既要用好"看不见的手"，也要用好"看得见的手"，保障基本公共服务的供给。同时，应进一步加强极端气候事件综合风险防范能力建设，从注重灾后救助转向注重灾前预防，完善对应的社会动员机制，从"以事件应急为中心"转变为"以风险管理为中心"，保持对潜在风险的警惕性和紧迫感，用大概率思维应对小概率事件，推动能源低碳转型平稳过渡。

（作者：韩　融）

如何正确处理好减污降碳与保障国家能源安全、群众正常生活的关系，确保安全降碳？

以习近平同志为核心的党中央多次对保障国家能源安全作出部署安排，"十四五"规划和2035年远景目标纲要围绕"构建现代能源体系""提升重要功能性区域的保障能力""实施能源资源安全战略"等作出了一系列重要部署。中共中央、国务院发布的《关于完整准确全面贯彻新发展理念做好碳达峰碳中和工作的意见》明确指出"处理好减污降碳和能源安全、产业链供应链安全、粮食安全、群众正常生活的关系，有效应对绿色低碳转型可能伴随的经济、金融、社会风险，防止过度反应，确保安全降碳"。这为新时代中国能源高质量发展指明了方向。减污降碳是保障我国能源安全、群众正常生活的战略选择，做好"双碳"工作能够为维护能源安全和群众正常生活提供重要保障。

能源安全新战略指引能源发展取得历史性成就。在"四个革命、一个合作"能源安全新战略的指引下，我国在保障能源安全的同时加快清洁低碳转型，能源消费结构日趋低碳化、能源利用效率不断提升，为建设能源强国提供了绿色动能支撑。我国能源供应保障能力不断增强，基本建成了多轮驱动的能源稳定供应体系，能源自主保障能力始终保持在80%以上，为保障能源安全可靠供应奠定坚实基础。

统筹处理好减污降碳与能源安全的关系。从国际形势看，当今世界能源发展呈现低碳化、电力化、智能化趋势，全球能源治理体系深度调整，这对我国建立清洁低碳、安全高效的能源体系提出更高要求。从国内看，我国能源转型两难多难问题叠加演变，能源效率仍然偏低，碳排放达峰和低碳化已经成为我国能源发展的硬约束，这对我国持续推动能源高质量发展和安全降碳提出了新的更高要求。面对复杂多变的国内外形势，从近期看，强化减污降碳不仅有助于缓解能源供应保障压力，也可避免透支未来的战略资源、环境空间和发展潜力，满足经济社会发展和人民日益增长的美好生活清洁用能需求；从长远看，减污降碳是保障我国能源安全、群众正常生活的战略选择，坚定不移走生态优先、绿色低碳的高质量发展道路，逐步减少对化石能源的依赖，才能实现我国能源本质安全。

我国能源领域碳排放总量大，是减污降碳的主战场，需要抓住调整能源结构这个"牛鼻子"，正确处理好减污降碳与能源安全、群众正常生活的关系，以经济社会发展全面绿色转型为引领，以降碳为重点战略方向，以能源绿色低碳发展为关键，推动减污降碳协同增效。因此，提出以下五点建议。

一是从能源生产端推进非化石能源发展与化石能源清洁利用

并举。统筹能源供应和减污降碳，既要考虑新增能源需求更多以非化石能源来满足，又要有效推动庞大存量的化石能源安全有序地清洁化利用，渐进平稳过渡到存量替代阶段。控制并减少煤炭消费比重，推动煤炭消费尽早达峰，合理发展天然气，积极安全发展核电，大力发展可再生能源和非化石能源发电，积极生产利用绿色氢能。大力发展新能源，加快发展东中部分布式光伏、分散式风电和海上风电，推动西部北部沙漠、荒漠地区大型光伏基地项目建设；因地制宜开发水电，重点开发西南地区水电，推进西藏水电开发，加快新型核电技术突破与应用；统筹抽水蓄能与新型储能发展，在东中部优先开发抽水蓄能，积极推动梯级水电改造。

二是从能源消费端高效推进电气化和节能提效。在工业、建筑、交通等领域持续推进电气化和节能减排提高能效活动，充分发挥终端能源消费电气化和节能提效的关键作用，准确把握电力保供与减污降碳的关系，确保实现安全、低碳、高效等目标的动态统一。深度拓展工业电气化，加大电能装备替代，利用"氢能+CCUS"等技术手段在钢铁、水泥、煤化工等领域打造先进的低碳循环工业体系；严控高耗能、高排放行业扩张，开展重点企业节能减排降碳行动，提升电机系统效率和工业园区能源效率。大幅提高建筑用能的电气化水平，鼓励利用建筑屋顶、墙壁发展分布式能源和储能系统，实现与外部能源系统双向互动；推进建筑节能，充分利用各类余热资源与生物质能源，打造绿色建筑。加快推进交通电气化，加强充电基础设施建设，使电动汽车比重逐步提高，积极发展轨道交通、港口岸电等；大力发展公共交通和清洁零排放汽车，形成轨道交通、公共交通、共享单车、人行道组成的城市交通体系，鼓励低碳出行。依靠技术创新提高能源低碳化、智能化水平，聚焦氢能储能技术、碳捕集封存和利用技术等前沿技术促进深度减排，加快新型电力系统关键技术研发应用，大力发展规模化储能、智能电网、分布式可再生能源和氢能等深度脱碳等技术。

三是从能源政策端充分发挥市场机制的决定性作用。以电力、钢铁、水泥、煤化工等行业为重点，加快建立覆盖所有重点行业的全国碳交易市场。建设全国用能权交易市场，完善用能权有偿使用和交易制度，做好与能耗双控制度的衔接。统筹推进碳排放权、用能权、电力交易等市场建设，加强市场机制间的衔接与协调，将碳排放权、用能权交易纳入公共资源交易平台。推动新能源大规模开发布局政策，鼓励金融机构将分布式新能源开发纳入绿色金融体系，加大对分布式新能源项目的信贷投放力度。通过补贴政策支持新能源的勘探和开发，大力推进开展整县（市、区）屋顶分布式光伏建设。加大对控煤降碳项目、节能降碳重点工程的资金政策支持，对开发利用可再生能源与清洁能源、积极参与碳排放市场交易、践行低碳设备更新换代等的企业给予财税政策倾斜。

四是统筹减污降碳与能源安全推进绿色低碳转型。传统能源逐步退出要建立在新能源安全可靠的替代基础上，在大力发展新能源的同时，仍要做好煤炭等常规能源的应急储备，以保障用电高峰时段的供应。牢牢守住能源安全底线，把握好减污降碳的节奏和力度，统筹抓好煤炭清洁低碳发展、多元化利用、综合储运，在加快形成清洁低碳能源可靠供应能力的基础上，逐步对化石能源进行安全可靠替代。在电力安全保供的前提下，统筹协调有序控煤减煤，推动煤电向基础保障性和系统调节性电源并重转型。加强煤电机组与非化石能源发电、天然气发电及储能的整体协同，推进煤电机组节能提效、超低排放升级改造，根据能源发展和安全保供需要合理建设先进煤电机组。

五是深入推进能源绿色低碳转型国际合作。继续积极参与全球能源治理合作，建设好"一带一路"绿色能源合作伙伴关系，引导企业开展清洁低碳能源领域对外投资，在相关各种项目中注重资源能源节约、生态环境保护和安全生产。高质量推动国际能源合作项目，深度参与全球能源转型变革，研究推进与有关国家在核电、风电、光伏、智能电网、智慧能源、互联互通等方面的深入合作。加强绿色电力认证国际合作，倡议建立国际绿色电力证书体系，积极引导和参与绿色电力证书核发、计量、交易等国际标准研究制定。推动建立中欧能源技术创新合作平台等清洁低碳能源技术创新国际合作平台，促进清洁低碳、脱碳无碳领域联合攻关创新与示范应用。

（作者：董战峰）

如何守护好碳交易市场有效规范运行的生命线？

中共中央办公厅、国务院办公厅印发的《关于推进社会信用体系建设高质量发展促进形成新发展格局的意见》指出，聚焦实现碳达峰碳中和要求，完善全国碳排放权交易市场制度体系，加强登记、交易、结算、核查等环节信用监管。碳交易是利用市场机制控制和减少温室气体排放达到推动经济发展方式绿色低碳转型的目的，碳排放配额分配是交易制度中与其联系最紧密的环节，直接决定了参与碳市场的成本，而碳排放配额分配的依据就是碳排放数据质量。碳排放数据质量是全国碳排放管理以及碳市场健康发展的重要基础，准确可靠的数据是碳排放权交易市场有效规范运行的生命线。

作为一种促进碳减排的市场机制，碳市场允许碳排放配额在不同企业之间交易，从而实现碳排放资源在全社会范围内的高效配置。但是，在政策标准有缺失、监管不够严格的情况下，人为操作的空间就会出现。同时，由于目前碳排放核算方法存在天然漏洞，也给了碳交易利益相关方钻空子的机会。近期，生态环境部公布了一批碳排放报告数据弄虚作假等典型问题案例，这些典型问题案例反映出的问题值得关注。

　　碳交易作为实现碳达峰碳中和目标的核心政策工具之一，处于起步阶段，碳排放相关制度与技术应用也在探索当中，客观上为碳数据弄虚作假提供了可能。一方面，对碳排放数据弄虚作假行为处罚力度不够、威慑力不强、碳排放执行不到位，使企业敢于为了利益"铤而走险"。目前，碳排放领域还没有一部统一的法律或行政法规，现有的碳市场规则尚未统一且层级不高，难以对碳数据弄虚作假形成强有力的约束。另一方面，碳排放数据核算存在较多模糊边界，核算依据涉及多种政策法规，且允许多套核算规则并行使用。过多的核算规则导致出现核算标准不一致、数据来源不统一等问题，为企业运用各种核算规则实现对数据的操纵提供可乘之机。此外，国内碳排放数据核算工作以IPCC核算方法为依据，但各地的实际条件不同造成其针对性和精准性较差。随着在全国碳市场覆盖行业企业的数量不断增加，能源品种、核算环节不断增多，核算精准度面临更大挑战的背景下，为碳排放数据弄虚作假创造了"机会"。

　　碳排放数据是碳交易市场的核心内容，如果企业的相关数据弄虚作假，以排放数据为基础而进行的交易就等于无本之木。因此，如何加强监管约束，震慑某些篡改伪造数据的企业和第三方服务机构，使所有碳排放数据准确公开透明，以确保实现全国碳市场的平稳有效运行和健康持续发展，就成为一个重要的课题。

　　碳排放相关方要切实承担起责任。数据的真实准确是碳排放权交易市场有效规范运行的前提条件。治理碳排放数据弄虚作假现象，首先，碳排放主管部门要发挥监督帮扶作用。碳核查是非常专业的工作，涉及能源类型、工业流程、废弃物处理等诸多环节，因此部分企业可能在短时期内无法掌握所有细节，主管部门可以通过监督帮扶活动，既能帮助企业算清楚自己的碳排放量，也可帮助企业算清碳资产。同时，提高碳市场的数据质量，更有利于碳市场功能的发挥。此次碳排放数据造假案例曝光，清晰传递出主管部门向数据造假说"不"的决心，释放出加强数据质量监管、维护全国碳市场制度权威、保障交易公平的强烈信号。随着碳排放权交易管理暂行条例即将出台，必将会对技术服务机构形成更加严格的约束。其次，企业当守牢法律红线，压实污染治理主体责任，做好碳排放报告质量自我核查。只有保证碳排放数据的准确、真实、有效，才能为碳排放配额分配提供重要依据，为开展碳交易、保障碳市场有效运行打下基础。最后，第三方检测机构要增强法律法规意识，完善检测管理制度，健全质量控制体系，严格项目管理，提高工作合规性，确保数据真实性。同时，也要细化工作责任，杜绝层层转包，严禁"代签""挂名"等现象，始终保持碳排放数据可追溯可追责。

对碳排放数据弄虚作假行为"零容忍"。为维护碳排放权交易公平、公正，要用好监督的刚性规范与技术的柔性约束，确保碳排放数据准确真实，为促进我国碳市场健康平稳有序运行形成有力支撑。一是通过立法避免既是"运动员"（碳咨询、碳交易）也是"裁判员"（碳审核）的现象出现。只有"裁判员"真正加大监管力度，拿出更严厉的处罚，才能提高企业碳排放造假的成本，推动"运动员"在技术上寻求减碳降碳之法，而不是为了利益在数据上作文章。二是加强信息公开和信用体系建设，借助社会力量对数据管理工作进行监督，提升全国碳市场的数据质量。三是地方碳市场要提高碳核查相关预算，使碳核查机构有能力留住专业人员，确保按质按量按时完成核查任务，在碳达峰碳中和事业上实现共赢。

以科技创新赋能推动碳排放技术提质升级。我国虽然出台了《碳排放权交易暂行管理办法》，并逐步建立和完善了温室气体排放的测量、报告和核查（MRV）机制，为碳交易市场的建设奠定了基础，但与国际先进水平相比还有差距。要实现碳排放达峰后稳中有降，归根结底要通过科技创新赋能。一是在碳报告中，通过智能合约将碳排放核心数据自动录入系统，从第一道环节卡死企业篡改数据的苗头。二是采取安全多方计算等隐私保护技术，在确保企业隐私安全的前提下，促进企业自主披露碳排放信息。三是可通过物联网、遥感技术等方法解决碳排放数据生成和验证方面的真实性问题，运用"区块链"分布式记账体系，碳排放数据可以在控排方、监管方和核查方三方留存，确保数据不可篡改，防止合谋情况发生。同时，对链上及链下数据统一管理和交叉验证，从程序上把好碳排放数据真实性的最后一道关口。

（作者：司海燕）

如何认识科学有序推进能源向绿色生态转型？

能源是人类社会生存发展的重要物质基础，攸关国计民生和国家战略竞争力。正如习近平总书记所指出，能源问题是各国国家安全的优先领域，抓住能源就抓住了国家发展和安全战略的"牛鼻子"。深入推进能源向绿色生态转型，着力推动能源生产利用方式变革刻不容缓。

近年来，我国一直在努力改善环境，推动能源转型。2020年世界经济论坛发布的全球能源转型报告指出，中国是少数几个在"能源转型指数"榜单上取得了同比持续改进的国家。能源转型本质上促进生产力提升，引导产业结构转型，重塑生产关系，推动经济社会全面发展。我国能源发展正处于转型变革的关键时期，虽然我国在推动能源转型方面成效显著，但能源转型发展仍然面临着不合理消费、供给体系不完善、关键技术"卡脖子"和体制机制滞后等深层次矛盾。因此，必须统筹好保障安全与结构转型，统筹好长期战略和经济发展，统筹好现有能源产业转型升级和能源系统建设。

首先，推进能源结构体系向"低碳"转型。目前，全球每年大概排放420亿吨二氧化碳，其中330亿吨来自与能源相关的排放，占比高达78.57%。基于形势的严峻性，为了遏制与能源相关的二氧化碳排放的增长，世界各国都在采取措施。例如，我国雄安新区沙辛庄村采取"地热＋多种清洁能源"模式，让村民正式用上地热清洁供暖，告别了散煤取暖和污染，助力雄安新区构建"蓝绿交织、清新明亮、水城共融"生态城市，打造全球地热利用"样板"。沙辛庄村是我国能源结构"低碳化"的一个缩影，其发展模式告诉我们，低碳化将成为能源发展的刚性要求和必然趋势。党的十九大报告也指出，推进能源生产和消费革命，构建清洁低碳、安全高效的能源体系。这就需要提升能源消费清洁化水平，在实施能源消费总量和强度"双控"，开展煤炭消费减量行动，拓展天然气消费市场，实施电能替代工程，开展成品油质量升级专项行动时，逐步构建节约高效、清洁低碳的社会用能模式。同时需要壮大清洁能源产业。一方面，统筹优化水电开发利用，坚持生态优先、梯级开发；另一方面，采用我国和国际最新核安全标准、稳妥推进核电发展；再一方面，分别采取集散并举发展风电和降低成本发展太阳能发电以及积极发展生物质能等新能源。

其次，推进能源技术创新向"效率"转型。众所周知，日本既是能源弱国，又是能源技术强国。日本以提升能源利用效率为目标，其技术开发则集中于储能、电动汽车、分布式能源、智慧能源等领域，旨在谋求新一轮科技革命和产业变革竞争的制高点。这对我们构建要素完备的技术创新体系具有重要的借鉴意义。一是加强"技术链"培育。激发能源企业、高校及研究机构在绿色技术创新链条中的创新潜能，推动产学研合作，建立一批技术创新联盟，推进技术集成创新。强化企业创新主体地位，健全市场导向机制，加快技术产业化应用，打造若干具有国际竞争力的科技创新型能源企业。依托高校和科研院所的知识创新平台，强化人才梯队建设，培育一批能源科技领军人才与团队。二是推进重点技术与装备研发。加强重点领域能源装备自主创新，重点突破能源装备制造关键技术、材料和零部件等瓶颈，加快形成重大装备自主成套能力。三是以提质增效为突破口，推动先进产能建设。积极推进油气勘探开发、煤炭加工转化、高效清洁发电、新能源开发利用、智能电网、先进核电、大规模储能、柔性直流输电、制氢等节能工程的实施，形成稳定的节能能力。

最后，推进能源管理体系向"高质量"转型。我国能源管理与监管体制改革长期滞后于行业发展，管理分散、越位、缺位等现象依然存在。因此，建立现代能源治理体系是实现能源高质量发展的必要条件，应从三个方面着手：一是完善市场交易机制。放开竞争性领域和环节，实行统一市场准入制度；健全市场退出机制；建立可再生能源配额制及绿色电力证书交易制度。二是推进能源价格机制改革。建立合理反映能源资源稀缺程度、市场供求关系、生态环境价值和代际补偿成本的能源价格机制；建立有效约束电网和油气管网单位投资和成本的输配价格机制；推广落实气、电价格联动机制；建立有利于激励降低成本的财政补贴和电价机制；实施峰谷分时价格、季节价格、可中断负荷价格、两部制价格等科学价格制度；完善调峰、调频、备用等辅助服务价格制度。三是创新监管方式。综合运用互联网、大数据、云计算等先进手段，加强能源经济形势分，提高监管的协调性、有效性和准确性。

（作者：徐华亮）

如何理解加快推进我国能源绿色开发利用?

能源是经济的首要问题。当今世界正处于百年未有之大变局，科技创新日新月异，正日益改变着人类的生产方式、生活方式和生存方式，加快能源向清洁化、低碳化、多元化发展步伐。贯彻落实能源安全新战略，要坚持"创新驱动、绿色发展"，加快能源开发利用科技创新，为能源绿色革命提供科技支撑和战略引领，推进清洁低碳、安全高效现代能源体系的建立，为实现我国经济高质量发展和第二个百年奋斗目标提供清洁可靠的能源。

一、我国能源行业发展现状

新中国成立70多年来，特别是改革开放40多年来，我国建成了世界最大的能源供应体系，有效支撑了国民经济和社会持续快速发展。一是化石能源成为保障国家能源稳定供应的主体。2018年，我国能源消费结构中化石能源占比为85.7%。其中，煤炭占59%，石油占18.9%，天然气占7.8%。70多年间，煤炭在一次能源生产和消费结构中占比长期超过70%，发挥了能源供应中"压舱石"和"稳定器"的作用。我国油气生产能力的提高和石油储备制度的建立，为缓解我国原油进口压力、保障国家能源安全提供了重要支撑。二是新能源和可再生能源发展迅猛，成为推动能源绿色转型的战略重点。截至2018年，我国可再生能源发电装机突破7亿千瓦，核电在建在运装机达到5800万千瓦。风力发电累计装机、光伏新增装机和累计装机、太阳热利用规模均居世界第一。2018年，非化石能源消费比重提升到14.3%。

二、我国能源发展面临的主要问题

一是能源非绿色开发利用的环境负外部性。传统粗放式的能源开发和未清洁化、未优质化利用引起的生态环境问题（负外部性）突出，主要表现在生态环境破坏、水资源污染及短缺、大气污染以及气候变化等方面，如煤炭开发引发的地表沉陷、水资源流失、固体废弃物堆存等生态环境问题突出。万吨煤开采损伤土地在0.2公顷左右，煤炭开发每年破坏地下水资源约为70亿吨。陆上石油开发在一定程度上降低地下水位，存在影响水质的风险。化石能源未优质化利用带来的大气污染问题突出。燃煤发电污染物排放已低于燃气机组排放限值，但电煤比例仅为53%，低于世界平均水平的65%。民用散烧煤总量为2亿吨左右，吨煤污染物排放强度达电厂的10倍以上。二是温室气体减排面临巨大压力。我国是目前全球最大碳排放国，必须加快构建以低碳能源为主的能源供应体系。三是能源利用效率总体偏低。我国单位GDP能耗是世界平均的1.4倍，提升能源利用效率更为迫切。四是能源安全形势依然严峻。2018年，我国石油对外依存度达69.8%，天然气对外依存度达45.3%，成为最大天然气进口国。

开发利用是能源安全新战略的题中应有之义。面对国际能源供需格局新变化、全球能源转型发展新趋势，习近平总书记明确指出，能源安全是关系国家经济社会发展的全局性、战略性问题，对国家繁荣发展、人民生活改善、社会长治久安至关重要，提出推动能源消费、能源供给、能源技术和能源体制四方面的"革命"，要全方位加强国际合作。这一战略思想开辟了中国特色能源发展理论的新境界，是新时代加快推动我国能源事业创新发展的根本遵循。能源绿色开发利用就是以能源安全新战略为指导，坚持"能源安全高效开发利用与生态环境保护相协调"的原则，通过科技创新和体制机制创新，实现能源开发的安全化、环境友好化、高效化（效率、资源回收率和经济效益），能源利用的清洁化、低碳化、集约化和节约化，推动能源开发利用全过程的清洁低碳、安全高效，支撑经济社会的可持续发展。

三、能源绿色开发利用的实施路径

第一，推进化石能源的清洁化。一是实施绿色煤炭重大工程。通过加快实施煤炭清洁高效利用重大科技项目等科技创新，攻克煤炭安全、绿色、高效、智能开发，智能燃煤发电、超高参数超临界燃煤发电、新型高效燃煤发电系统、燃煤污染物深度控制、煤转化制清洁燃料、煤转化制取大宗及特殊化学品、煤转化过程污染物控制，煤炭利用过程中的碳捕集利用与封存（CCUS）等关键核心技术，不断通过煤炭安全高效清洁智能开发和清洁低碳利用水平，发挥煤炭在国家能源安全保障中的基础能源作用。二是实施稳油、天然气倍增工程，加快攻克深层深水和非常规油气勘探开发关键技术，加大储运设施建设和技术攻关，实现油气开采与储运有机衔接，推动油气产业健康发展，提高我国能源安全保障能力。第二，推进清洁能源的规模化发展。突破储能、智能电网、分布式能源、核能等核心技术，支撑新能源和可再生能源低成本规模化发展。坚持安全为要，突破先进核电技术和核能多元化利用技术，加快推进符合国家核安全标准、具有自主知识产权的机组建设。突破晶体硅太阳能电池技术、薄膜电池技术，提高太阳能光伏系统发电效率，大规模推广太阳能热利用。突破海上风电智能控制技术和工程施工技术，加快陆海风电协调发展。统筹发展生物质能、海洋能、地热能的综合利用技术。积极发展风能、太阳能、地热能、生物质能等互补的分布式综合能源系统，研发分布式可再生能源集群接入智能微电网技术，提升电网接纳可再生能源能力和用户服务能力。第三，推进能源供应的智能化。发展能源开发、输送、分配和利用一体化的智能技术，建立煤炭等化石能源与风能、太阳能等可再生能源的耦合协调互补的智能能源系统，不断提高能源系统的效率、效益，有效提升全社会能源清洁化程度，全面实现能源安全化、绿色化和智能化，形成煤、油、气、核、可再生"五足鼎立"的多元化能源供应体系。第四，探索化石能源低碳化利用之路，加快推进碳捕集利用与封存技术的研发和示范应用，加大对低能耗、低成本、规模化碳捕集技术研发攻关，推进CCUS技术与风能、太阳能等新能源的集成耦合，加大政策激励力度，促进相关产业培育和发展。第五，通过体制机制创新，回归能源的商品属性，建立反映能源稀缺性、环境外部性成本的能源价格形成机制，建立和完善基于市场定价的碳交易制度，建立能源绿色开发利用绩效考核体系，持续提升能源绿色开发利用水平。

（作者：李全生）

如何构建以新能源为主体的新型电力系统？

电力部门是我国最大的碳排放部门。实现碳中和目标的关键在于尽早完成电气化，并确保几乎所有电力来源于零碳能源。全球越来越多的国家和地区都越来越重视电力系统低碳转型，并制定了相应目标：比如，英国现在已经通过立法正式承诺将于2050年实现净零温室气体排放，并计划在2035年实现零碳或近零碳电力系统；美国总统拜登提议在2035年前实现电力系统零碳并在2050年前实现全社会净零排放。根据现有研究，在全球净零排放情景下，电力部门的脱碳都先于其他部门脱碳。因此，我国电力系统在未来十年的发展对于2030年前实现碳达峰和2060年前实现碳中和目标至关重要。为了满足我国经济社会发展和人民美好生活的电力保障需求，结合我国资源禀赋，针对我国能源安全战略，习近平总书记提出立足国内多元供应保安全，大力推进煤炭清洁高效利用，着力发展非煤能源，形成煤、油、气、核、新能源、可再生能源多轮驱动的能源供应体系。为统筹有序落实"双碳"战略，中共中央、国务院在发布的《关于完整准确全面贯彻新发展理念做好碳达峰碳中和工作的意见》中提出，要"构建以新能源为主体的新型电力系统，提高电网对高比例可再生能源的消纳和调控能力"。

现阶段，我国电力系统低碳转型存在以下几方面问题：一是煤电布局供需不匹配，东中部地区煤炭资源有限，但是用电量大，加剧了煤电运输、环境、用地等的矛盾。二是可再生能源发电与电网建设不协调、与当地经济发展水平不匹配，导致大量可再生能源发电的浪费。三是可再生能源发电具有很强的随机性和波动性，大规模集中并网对电网的安全造成威胁，这对综合能源管理和大规模电力储能提出了更高的要求。据相关研究预测，到2050年东中部用电量占全国的比重仍将保持在60%以上。在"双碳"目标约束下，电力部门低碳转型面临一定的压力。为推动电力部门低碳转型，结合我国国情，重点从两个方面开展工作：一方面要高质量高比例发展可再生能源发电，同时结合综合能源管理和大容量储能解决清洁能源并网问题。具体来看，需稳步推进水电发展，安全发展核电，加快光伏和风电发展。从目前乃至长远看，我国能源结构正在经历转型升级，能源"去煤化"态势明显。当然，为保证能源供应安全，化石能源发电还将在很长一段时间内扮演基础电源和调峰电源角色。在没有完成能源结构调整之前，在控制煤炭消费总量的前提下，大幅提高电煤在煤炭消费中的比例，实现煤炭的集中燃烧和烟气污染物的集中治理，显著降低碳排放。未来，火力发电的低碳发展可从两方面开展工作，一是发展先进高效的燃煤发电技术，进一步大幅降低单位发电量的碳排放强度；二是发展经济可靠的CCUS技术，降低技术运行成本，使未来加装CCUS的火电机组与新能源发电机组相比，具有较强竞争力。同时，规模化部署CCUS示范项目，并对相关负排放技术进行市场推广。

另一方面要立足煤电长期占据主导地位的事实，大力发展高效清洁低碳燃煤发电技术，降低煤耗，结合碳捕集，大幅度减少碳排放。新型电力系统下，煤电虽然不再是能源供应的主体电源，但其在转型期过渡期间安全保障的责任更加艰巨，需以有限的容量支撑更大的需求，稳定更为波动的电网。为实现"双碳"目标，除对存量机组进行节能升级改造之外，新建机组必须采用创新技术，进一步提高发电效率，降低发电机组的供电煤耗。目前，提高机组发电效率的途径主要有三种：一是增加机组再热次数，采用二次再热；二是提高机组的运行参数至700℃以上；三是开发创新发电系统，通过这些技术创新可以将火电机组的热效率提高到50%以上，供电煤耗降低到250g/kWh，大幅度降低碳排放。2016年，中共中央、国务院批准人民银行牵头制定发布《关于构建绿色金融体系的指导意见》，我国成为全球首个由中央政府推动构建绿色金融体系的国家。2021年11月17日，国务院常务会议决定在前期设立碳减排金融支持工具的基础上，再设立2000亿元支持煤炭清洁高效利用专项再贷款，形成政策规模，推动绿色低碳发展，体现出政策层面对绿色金融领域的特别重视。

同时需研制大规模储能技术。未来的电力系统要高比例接入可再生新能源电力，而可再生能源具有波动性和周期性，在时间上和空间上的分布与负荷难以匹配。国务院发布的《能源发展战略行动计划（2014—2020年）》中对储能领域明确提出，要加强电源与电网统筹规划，科学安排调峰、调频、储能配套能力，切实解决弃风、弃水、弃光问题。为提高可再生能源利用水平，储能技术特别是大容量储能技术，将成为发电领域的重点创新方向。储能技术可将时空分布不均的能源根据需要进行重新分配，起到能源生产的平滑输出、电网调峰调频、增强供电可靠性等功能。为保障可再生能源安全、高效入电网，应配套发展综合能源系统和大容量储能技术，尤其是电池储能技术。

除了常规的储能形式之外，可再生电力制氢也属于广义储能的范畴，近年来也得到了广泛的关注。可再生电力水解制氢，在平抑可再生电力波动的同时储能。电解产生的氢气可以用于燃料电池发电，还可以与二氧化碳进行甲烷化反应生成甲烷，得到的甲烷可输入现有的天然气管网系统。氢气还可以参与制甲醇反应，将可再生能源电力以液体燃料的形式储存。这种能源生产和消费形式完全与"碳"脱钩，因此具有从根本上解决电力低碳问题的巨大潜力，逐渐成为国际上可再生能源发展应用的一个重要方向。

（作者：韩 融）

后　记

本书是国家社科基金重大项目"党的十八大以来党领导生态文明建设实践和经验研究"（项目编号：22ZDA106）的阶段性成果。该课题的首席专家李宏伟教授对本书的写作结构作了总体策划，中共中央党校（国家行政学院）宋昌素、王晓莉等教师及全国党校系统研究生态文明建设的多位专家参与了本书的写作，博士研究生张二进对本书的初稿进行了审核，刘晓珍、张杰、王溢晟也参与了书稿校对工作。

本书的顺利出版离不开中共中央党校（国家行政学院）报刊社社长许宝健的大力支持，在此深表感谢。我们将继续跟踪研究领导干部关注的生态文明建设问题，并结合"习近平生态文明思想""促进人与自然和谐共生"等课程的教学，不断提升领导干部对新时代生态文明建设的认识。

李宏伟

中共中央党校（国家行政学院）社会和生态文明

教研部生态文明建设教研室主任

2023年4月